东南学术文库
SOUTHEAST UNIVERSITY ACADEMIC LIBRARY

新发展格局下江苏省新型科研机构成长机制与对策研究

Research on the Growth Mechanism and Countermeasures of
New Scientific Research Institutions in Jiangsu Province under the New Development Pattern

陈良华 何 帅·著

东南大学出版社
·南京·

图书在版编目(CIP)数据

新发展格局下江苏省新型科研机构成长机制与对策研究/陈良华,何帅著. —南京:东南大学出版社,2025.3

ISBN 978-7-5766-1027-7

Ⅰ.①新… Ⅱ.①陈… ②何… Ⅲ.①科学研究组织机构—研究—江苏 Ⅳ.①G322.235.3

中国国家版本馆CIP数据核字(2023)第239510号

● 本书为江苏省社科基金资助项目(项目号:21GLA005)

新发展格局下江苏省新型科研机构成长机制与对策研究
Xin Fazhan Geju Xia Jiangsu Sheng Xinxing Keyan Jigou Chengzhang Jizhi Yu Duice Yanjiu

著　　者:陈良华　何　帅
出版发行:东南大学出版社
社　　址:南京市四牌楼2号　邮编:210096　电话:025-83793330
网　　址:http://www.seupress.com
出 版 人:白云飞
经　　销:全国各地新华书店
排　　版:南京星光测绘科技有限公司
印　　刷:广东虎彩云印刷有限公司
开　　本:700 mm×1000 mm　1/16
印　　张:11.75
字　　数:228千字
版　　次:2025年3月第1版
印　　次:2025年3月第1次印刷
书　　号:ISBN 978-7-5766-1027-7
定　　价:72.00元

本社图书若有印装质量问题,请直接与营销部联系。电话:025-83791830
责任编辑:刘庆楚　责任校对:张万莹　责任印制:周荣虎　封面设计:企图书装

编委会名单

主任委员：郭广银
副主任委员：周佑勇　樊和平
委　　　员：（排名不分先后）
　　　　　　　王廷信　王　珏　王禄生　龙迪勇
　　　　　　　白云飞　仲伟俊　刘艳红　刘　魁
　　　　　　　李霄翔　汪小洋　邱　斌　陈志斌
　　　　　　　陈美华　欧阳本祺　徐子方　徐康宁
　　　　　　　徐　嘉　董　群
秘　书　长：白云飞
编务人员：甘　锋　刘庆楚

身处南雍　心接学衡
——《东南学术文库》序

每到三月梧桐萌芽,东南大学四牌楼校区都会雾起一层新绿。若是有停放在路边的车辆,不消多久就和路面一起着上了颜色。从校园穿行而过,鬓后鬟前也免不了会沾上这些细密嫩屑。掸下细看,是五瓣的青芽。一直走出南门,植物的清香才淡下来。回首望去,质朴白石门内掩映的大礼堂,正衬着初春的朦胧图景。

细数其史,张之洞初建三江师范学堂,始启教习传统。后定名中央,蔚为亚洲之冠,一时英杰荟萃。可惜书生处所,终难避时运。待旧邦新造,工学院声名鹊起,恢复旧称东南,终成就今日学府。但凡游人来宁,此处都是值得一赏的好风景。短短数百米,却是大学魅力的极致诠释。治学处环境静谧,草木楼阁无言,但又似轻缓倾吐方寸之地上的往事。驻足回味,南雍余韵未散,学衡旧音绕梁。大学之道,大师之道矣。高等学府的底蕴,不在对楼堂物件继受,更要仰赖学养文脉传承。昔日柳诒徵、梅光迪、吴宓、胡先骕、韩忠谟、钱端升、梅仲协、史尚宽诸先贤大儒所思所虑、求真求是的人文社科精气神,时至今日依然是东南大学的宝贵财富,给予后人滋养,勉励吾辈精进。

由于历史原因,东南大学一度以工科见长。但其人文之脉未断,问道之志不泯。时值国家大力建设世界一流高校的宝贵契机,东南大学作为国内顶尖学府之一,自然不会缺席。学校现已建成人文学院、马克思主义学院、艺术学院、经济管理学院、法学院、外国语学院、体育系等成建制人文社科院系,共涉及6大学科门类、5个一级博士点学科、19个一级硕士点学科。人文社科专任教师800余人,其中教授近百位,"长江学者"、国家"高级人才计划"哲学社会科学领军人才、全国文化名家、"马克思主义理论研究和建设工程"首席专家等人文社科领域内顶尖人才济济一堂。院系建设、人才储备以及研究平台等方面多年来的铢积锱累,为东南大学人文社科的进一步发展奠定了坚实基础。

在深厚的人文社科历史积淀传承的基础上,立足国际一流科研型综合性大学之定位,东南大学力筹"强精优"、蕴含"东大气质"的一流精品文科,鼎力推动人文社科科研工作,成果喜人。近年来,承担了近 300 项国家级、省部级人文社科项目课题研究工作,涌现出一大批高质量的优秀成果,获得省部级以上科研奖励近百项。人文社科科研发展之迅猛,不仅在理工科优势高校中名列前茅,更大有赶超传统人文社科优势院校之势。

东南学人深知治学路艰,人文社科建设需戒骄戒躁,忌好大喜功,宜勤勉耕耘。不积跬步,无以至千里;不积小流,无以成江海。唯有以辞藻文章的点滴推敲,方可成就百世流芳的绝句。适时出版东南大学人文社科研究成果,既是积极服务社会公众之举,也是提升东南大学的知名度和影响力,为东南大学建设国际知名高水平一流大学贡献心力的表现。而通观当今图书出版之态势,全国每年出版新书逾 40 万种,零散单册发行极易淹埋于茫茫书海中,因此更需积聚力量、整体策划、持之以恒,通过出版系列学术丛书之形式,集中向社会展示、宣传东南大学和东南大学人文社科的形象与实力。秉持记录、分享、反思、共进的人文社科学科建设理念,我们郑重推出这套《东南学术文库》,将近年来东南大学人文社科诸君的研究和思考,付之梨枣,以飨读者。

是为序。

《东南学术文库》编委会
2016 年 1 月

前　言

近年来,新型科研机构凭借其灵活新颖的体制机制,在推动传统产业结构升级、加速成果转化和促进科技进步中发挥了重要作用。江苏科教优势突出,非常重视新型科研机构的建设,也发展了一大批新型科研机构,然而这些科研机构在全国还不算太突出,尚存在一些问题,亟须进一步完善江苏新型科研机构"市场化"发展新模式,提高其持续发展能力。

本书为研究新型科研机构市场化机理及优化逻辑,首先梳理新型科研机构的概念,并对其内涵作出界定。本书认为新型科研机构的范围应主要包括:政府主导协调多方力量建立、高校和科研院所与地方政府合建、企业及创新联盟合建、社会组织、团体或个人等社会资本建立这几种,并提出五种新型科研机构的功能分类:政策导向型、产业导向型、资源导向型、服务导向型和成果导向型。其次清晰界定了新型科研机构在科技创新体系中的协同合作与交流的创新平台角色以及非营利组织的本质角色。基于此,本书提出了比较系统的新型科研机构市场化运行的相关理论,即协同创新理论、知识网络复杂理论、开放系统理论和分类理论,并构建新型科研机构通用的组织架构模型和市场化运行机制。围绕江苏新型科研机构的角色理论以及市场化运行的相关理论,阐释新型科研机构市场化机制的优化逻辑:(1)目标选择。厘清新型科研机构市场化机制建设的大目标是国家和区域创新体系发展,在满足科技创新发展这一大目标的前提下,考虑新型科研机构健康发展这一小目标。(2)实现路径。一方面为新型科研机构的发展建设创造良好的政策、产业、信息技术水平和知识产权保护等外部环境,强化新型科研机构主体间的协同协作;另一方面从内部资源获取能力和内部体制机制创新两个层面强化其核心竞争力,为其发展提供内部保障;最终通过多种畅通的成果转化渠道,形成对科技研发的反哺,带动科技、产业、经济共同发展。最后针对江苏新型科研机构的发展现状,提出了市场化机制建设的具体对策,如完善创新发展环境、强化政府作用,实现机制突破,实施名牌化和规模化战略,坚持走国际化道路,强化市场化运行机制,构建多元化合作方式,以及创建联合平台等具体措施。

  本书运用文献研究法、问卷调查法和结构方程进行系统研究,在以下几个方面力图取得创新:(1)梳理新型科研机构的概念,提出新型科研机构的内涵,并对其范围、功能定位进行界定;(2)通过问卷方式和实地调研分析江苏新型科研机构现状,从静态视角探索了新型科研机构创新路径的影响因素,建立新型科研机构创新路径的理论模型,并运用结构方程进行了实证检验;(3)通过系统动力学模型分析江苏新型科研机构运行情况,从动态和整体视角探索了新型科研机构创新路径的影响因素,建立新型科研机构创新路径的理论模型,并运用结构方程进行了实证检验;(4)提出新型科研机构的角色理论,新型科研机构承担着协同合作与交流的创新平台角色、非营利组织的本质角色;(5)结合新型科研机构的角色协同合作与交流的创新平台定位以及市场化运行的理论,从创新环境、内部体制机制、资源能力、协同合作和成果转化这五个维度构建优化江苏新型科研机构市场化机制运行的框架。

目 录

第一章 概　述 …………………………………………………… (1)
　1.1　研究背景与研究意义 ………………………………… (1)
　　1.1.1　研究背景 ……………………………………… (1)
　　1.1.2　研究意义 ……………………………………… (3)
　1.2　研究思路与研究方法 ………………………………… (3)
　　1.2.1　研究思路与技术路线 ………………………… (3)
　　1.2.2　研究方法 ……………………………………… (5)
　1.3　相关概念界定 ………………………………………… (6)
　1.4　主要内容与结构安排 ………………………………… (8)

第二章　相关文献研究与评述 …………………………………… (10)
　2.1　国外相关文献 ………………………………………… (10)
　　2.1.1　产学研合作相关文献 ………………………… (10)
　　2.1.2　科技成果转化相关文献 ……………………… (12)
　　2.1.3　独立研发机构相关文献 ……………………… (13)
　2.2　国内相关文献 ………………………………………… (15)
　　2.2.1　产学研合作相关文献 ………………………… (15)
　　2.2.2　科技成果转化相关文献 ……………………… (18)
　　2.2.3　新型研发机构相关文献 ……………………… (19)
　2.3　研究述评 ……………………………………………… (22)

第三章 国内外新型科研机构发展模式比较 (25)

3.1 发达国家独立研发机构的发展模式 (25)
- 3.1.1 美国 (26)
- 3.1.2 德国 (29)
- 3.1.3 日本 (33)

3.2 中国台湾地区独立研发机构的成功经验及其特点 (38)

3.3 我国(内地)新型科研机构的发展历程 (40)
- 3.3.1 摸索初创时期(1996—2005年) (41)
- 3.3.2 形成特色时期(2006—2015年) (42)
- 3.3.3 快速发展时期(2016—至今) (43)

3.4 国内新型科研机构的发展模式 (45)
- 3.4.1 北京市 (46)
- 3.4.2 上海市 (50)
- 3.4.3 广东省 (52)

3.5 经验与启示 (56)
- 3.5.1 发达国家和地区代表性独立研发机构的经验及启示 (56)
- 3.5.2 我国(内地)代表性新型科研机构的经验及启示 (58)

第四章 江苏省新型科研机构发展现状与问题研究 (60)

4.1 新型科研机构的概念和内涵探析 (60)
- 4.1.1 概念梳理与述评 (60)
- 4.1.2 新型科研机构的范围界定 (62)
- 4.1.3 新型科研机构的内涵和功能界定 (63)
- 4.1.4 新型科研机构与传统科研机构的区别 (65)

4.2 江苏省新型科研机构的发展现状 (66)
- 4.2.1 江苏省创新体系基本概况 (66)
- 4.2.2 江苏省新型科研机构发展现状 (69)
- 4.2.3 江苏省新型科研机构已经形成的优势 (74)

4.3 问卷调查与问题分析 (75)
- 4.3.1 对新型科研机构应承担角色与本质特征的调查结果分析 (76)
- 4.3.2 对新型科研机构应包括的投资主体的调查结果分析 (77)

  4.3.3 对新型科研机构面临的困难与运行问题的调查结果分析
    ……………………………………………………………………(78)
 4.4 江苏省新型科研机构存在的问题 ………………………………(79)
  4.4.1 法律制度和战略布局方面问题 ……………………………(79)
  4.4.2 功能定位和区域规模方面问题 ……………………………(80)
  4.4.3 人才结构和运行机制方面问题 ……………………………(81)
  4.4.4 成果转化和国际化方面问题 ………………………………(82)

第五章 新型科研机构成长的理论基础 ……………………………(83)
 5.1 新发展格局理论 …………………………………………………(83)
  5.1.1 新发展格局提出的背景 ……………………………………(83)
  5.1.2 新发展格局的主要内容 ……………………………………(85)
  5.1.3 新发展格局对新型科研机构的发展要求 …………………(86)
 5.2 新型科研机构角色理论 …………………………………………(87)
  5.2.1 新型科研机构的角色定位 …………………………………(87)
  5.2.2 新型科研机构的组织属性 …………………………………(91)
  5.2.3 新型科研机构的本质特征 …………………………………(92)
 5.3 新型科研机构的成长机制理论 …………………………………(94)
  5.3.1 新型科研机构市场化运行的原理 …………………………(94)
  5.3.2 新型科研机构通用的组织架构模型构建 …………………(99)
  5.3.3 新型科研机构市场化运行机制 ……………………………(101)
 5.4 科学合理角色下新型科研机构的成长机制 ……………………(103)

第六章 江苏省新型科研机构成长的影响因素分析 ………………(105)
 6.1 理论分析与研究假设 ……………………………………………(105)
  6.1.1 新型科研机构网络关系及其创新绩效 ……………………(105)
  6.1.2 新型科研机构的资源整合与创新绩效 ……………………(106)
  6.1.3 新型科研机构的市场机制与创新绩效 ……………………(107)
  6.1.4 市场机制与创新环境 ………………………………………(108)
 6.2 数据来源与研究设计 ……………………………………………(109)
  6.2.1 数据收集 ……………………………………………………(109)
  6.2.2 变量与测量 …………………………………………………(110)

6.2.3 信度与效度检验 …………………………………………… (111)
6.3 假设检验与分析 ………………………………………………… (112)
　　6.3.1 相关性分析 ………………………………………………… (112)
　　6.3.2 结构方程模型检验 ………………………………………… (112)
　　6.3.3 调节效应分析结果 ………………………………………… (115)
6.4 研究结论与启示 ………………………………………………… (116)
　　6.4.1 研究结论 …………………………………………………… (116)
　　6.4.2 实践启示 …………………………………………………… (116)

第七章 江苏省新型科研机构成长机制与改善研究 ……………… (118)
7.1 问题提出与理论分析 …………………………………………… (118)
　　7.1.1 问题提出 …………………………………………………… (118)
　　7.1.2 理论分析 …………………………………………………… (119)
7.2 江苏省新型科研机构创新系统模型构建 ……………………… (120)
　　7.2.1 江苏新型科研机构特色的提炼 …………………………… (120)
　　7.2.2 江苏新型科研机构创新过程的结构 ……………………… (123)
　　7.2.3 子系统分析与系统流图构建 ……………………………… (124)
　　7.2.4 方程设计与说明 …………………………………………… (128)
7.3 江苏省新型科研机构的成长机制演化分析 …………………… (129)
　　7.3.1 成长机制演化分析 ………………………………………… (129)
　　7.3.2 模型仿真与灵敏度分析 …………………………………… (132)
7.4 演化分析的结论与启示 ………………………………………… (139)
　　7.4.1 研究结论 …………………………………………………… (139)
　　7.4.2 实践启示 …………………………………………………… (140)
7.5 江苏省新型科研机构成长机制的优化逻辑 …………………… (142)
　　7.5.1 目标逻辑：四个理论与目标选择 ………………………… (142)
　　7.5.2 优化逻辑：成长机制理论框架 …………………………… (142)

第八章 政策与建议的提出 …………………………………………… (145)
8.1 优化顶层设计和完善创新发展环境 …………………………… (145)
8.2 强化政府作用和实现机制突破 ………………………………… (147)
8.3 实施名牌化和走国际化道路 …………………………………… (148)

  8.4 强化人才培养和市场化运行机制 …………………………（149）
  8.5 构建多元化合作方式和联合平台 …………………………（151）

参考文献 ……………………………………………………………（152）
附录一 ………………………………………………………………（162）
  新型科研机构创新机制调查问卷 ……………………………（162）

附录二 ………………………………………………………………（167）
  江苏省新型科研机构的发展模式与典型案例 ………………（167）

第一章

概　　述

本章旨在探讨本书的研究背景、研究思路及其相关方法。首先论述了探索江苏新型科研机构的成长机制与有效成长模式的重要性。然后,论述了本书的研究思路、主要内容及其结构安排和主要概念的界定等。

1.1 研究背景与研究意义

1.1.1 研究背景

当前高质量发展中国式现代化要求的背景下,以创新驱动、高质量供给引领和创造新需求已成为经济循环流转和产业关联畅通的关键。科技创新是国家经济社会发展的重中之重,随着从"中国制造"到"中国创造"的转变进程推进,不仅需要管理模式的创新,更需要体制机制的创新。近年来,一大批体制新颖、机制灵活的新型科研机构应运而生,在推动传统产业结构升级、加速成果转化和促进科技进步中发挥了重要作用。作为连接市场经济与科技研发之间的桥梁,新型研发机构以其具有的投资主体多元化、治理结构科学化、科研管理自主化、产学研一体化、科技成果资本化、管理制度现代化、发展机制国际化等鲜明特征,构成了国家和区域创新体系中的重要组成部分,是我国科技体制改革和区域创新发展的强劲引擎。国外发达国家和地区的"公助民营"科研机构组织在政府支持下已经成为独立市场科技研发主体,它们基于市场机制作用下进行企业化运作,创新绩效显著(Steinbeis Foundation Report,2013)。目前北京、上海、广东和江苏等经济发达地区也已建立了以北京生命科学研究所、上海产业技术研究院、深圳清华大学研究院、深圳华大基因股份有限公司、深圳光启集团、江苏省产业技术研究院等为代表的新型科研机构,其市场化模式探索也走在全国前列。截至2023年底,中华人民共和国科学技术部调查统计结果显示全国共建有新型科研机构超过3 000家,研发支出总规模超过750亿元,开展研究与技术开发项目超过26 000个,实现总收入超过2 000亿元,年累计投资和孵化的企业25 000余家。新型科研机构发展态势迅猛,创新绩效显著,它们基于企业化管理和市场机制运作,发展形成了"民办官助""国有新制""企业内生"和"园区结合"等多种模式,已成为产学研深度融合的一种有效运行的组织形式。然而我国新型科研机构的建设整体还处于发展起步阶段,市场上存在很多不同类型的新型科研机构,其概念和内涵尚未统一,比较混乱,有必要对其进行梳理。

为全面落实新发展格局理念和加快推进创新型省份的建设,江苏省政府先后出台了《省政府办公厅关于创新管理优化服务 培育壮大经济发展新动能的实施意见》(苏政办发〔2017〕79号)、《省政府关于加快推进全省技术转移体系建设的实施意见》(苏政发〔2018〕73号)等政策文件,对新型科研机构的建设进行了重点部署。全省形成了鼓励新型科研机构发展的良好政策环境,以促进新型研发机构的健康发展。截至2023年底,经初步统计,江苏省共建有新型科研机构573家,累计实现成果孵化5 896家,创新收入达到100亿元/年,其规模和科研成果均居全国前列;此外,江苏省还建立了以江苏省产业技术研究院、江苏省(苏州)纳米产业技术研究院等为代表的新型科研机构,形成了具有区域特色的"江苏模式",其市场化机制探索领先全国,是服务支撑区域创新发展的一支重要力量。然而,江苏大部分新型科研机构的建立时间较短,且机构之间运行质态差异大,仍然存在自身造血功能不足、成长机制尚处于探索起步阶段、市场成熟度低、体制机制创新不够和持续发展能力不强等问题,亟须进一步探索江苏新型科研机构的成长机制与实现路径,提高其持续发展能力。因此,探索江苏新型科研机构的成长机制并进行实证研究,对进一步完善其机制设计体系具有重大理论意义。

基于此,本书在对现行成功发展的新型科研机构进行案例探析和文献研究的基础上,梳理新型科研机构的相关概念和内涵,界定江苏新型科研机构的功能定位、组织属性和本质特征。对江苏"政策引导"支撑作用下新型科研机构的实际运行效果和发展特色进行调研和考察,深入挖掘其成长机制与发展路径,总结其经验与不足,构建新型科研机构成长机制的理论框架和建设逻辑,并进行实证分析与演化分析。在此基础上,结合发达国家和地区的成熟经验,着眼于江苏省自身特点,提出详细具体、切实可行的政策建议,为江苏新型科研机构的可持续发展提供理论依据和实践参考。

1.1.2 研究意义

1. 理论意义

探索发展新型科研机构创新机制以形成具有区域特色的"江苏模式"。新型科研机构是近些年来产生的新生事物,国内许多学者都围绕其概念、特点、建设模式和运行机制等内容展开研究,观点颇多,比较混乱,目前尚未形成统一认可的概念。特别是当前新型科研机构之间运行质态差异大,对其成长机制研究缺乏完整、系统的理论框架。因此有必要对已有学者的观点进行梳理,确定新型科研机构的内涵、角色和目标定位,挖掘其发展运行的理论依据,构建新型科研机构成长机制的理论框架和演化逻辑路径,为江苏新型科研机构的可持续发展提供理论依据和实践参考。

2. 实践意义

探索基于新发展格局下江苏新型科研机构高质量发展模式并提出对策与建议。江苏新型科研机构的市场化机制探索虽取得了一定的成绩,但与发达国家和地区相比仍有差距,其市场化机制发展滞后仍然是制约江苏创新效率和资源配置的重要问题,这也是未来深化科技体制改革的重点、难点。本书的实践意义在于:① 针对江苏新型科研机构的发展现状,探索其成长机制的建设逻辑与实践路径,提高其持续发展能力;② 针对江苏新型科研机构当前存在的问题,提出其可持续发展的对策和建议,加快构建体系结构完整的高水平区域创新体系与组织。

1.2 研究思路与研究方法

1.2.1 研究思路与技术路线

本书的研究思路与技术路线如图 1-1 所示,分为以下七个步骤:

(1) 通过国内外文献收集与分析,较系统和全面掌握产学研运作机理、

科技成果转化有效性和独立研发机构发展等理论与方法,为开展江苏新型科研机构成长机制研究提供必要理论基础与资料准备;

(2) 通过文献搜索和实地考察,了解国内外发达地区新型科研机构的最新发展模式,总结其成功经验和发展模式,为江苏新型科研机构有效成长奠定经验基础;

(3) 江苏新型科研机构发展现状与存在问题研究。梳理新型科研机构的概念,并对其范围、内涵和功能作出界定;通过问卷调查和实地调研,收集江苏新型科研机构的相关数据,分析江苏新型科研机构的发展现状,定位其存在的问题并对其进行原因分析。

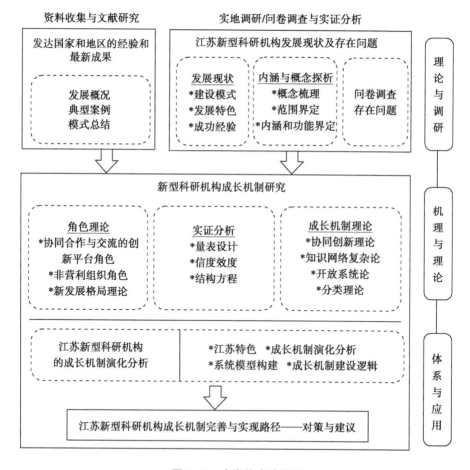

图1-1 本书技术路线图

(4) 新型科研机构理论基础的探讨。新发展格局理论提出的背景是国内经济高质量发展的要求以及应对国际经济环境剧烈变动对国内经济的冲击影响,它构建了以国内大循环为主体、国内国际双循环相互促进的新发展格局。新型科研机构的角色理论是协同合作与交流的创新平台理论;组织属性是非营利性组织机构;本质特征是产学研深度融合组织模式。新型科研机构的成长机制理论包括协同创新理论、知识网络复杂论、开放系统论和分类理论等。

(5) 江苏新型科研机构成长机制的静态分析。本书在文献研究和实地调研的基础上,基于国家创新体系的创新角色理论(Role Theory)、三螺旋理论(Triple Helix Theory)、非营利组织理论(Theory of Non-profit Organizations)等明确新型科研机构的角色定位、组织属性与本质特征,通过问卷调查和结构方程等方法进行分析,构建结构方程模型来探讨新型科研机构成长机制的影响因素与创新路径,且主要采用静态视角,分析江苏新型科研机构成长主要影响因素。

(6) 江苏新型科研机构成长机制的动态分析。新型科研机构有效运行会受到多重因素扰动和多方因素组合协同互动的影响,是一个动态变化的复杂过程。本部分采用系统动力学模型,研究江苏省新型科研机构成长机制与改善途径,并分析四种重要的系统成长机制及其动态演化趋势,确立江苏新型科研机构成长机制的优化逻辑,为进一步的政策机制设计提供理论支撑。

(7) 针对江苏新型科研机构的发展现状与存在问题,提出其完善成长机制的政策建议。

1.2.2 研究方法

本书的研究方法主要有文献研究法、问卷调查法和实证研究法。

(1) 文献研究法:梳理国内外相关理论,借鉴国内外的先进研究经验,为本书提供理论支撑。利用文献研究,一是梳理国内外的产学研合作文献、科学技术成果转化机制问题的文献以及独立研发机构发展文献等,从中借鉴与发现理论缺陷;二是通过对西方主要国家独立研发机构发展进行模式比较,以及对国内省市各类新型科研机构发展经验或问题比较研究,从而为研究江苏新型科研机构成长机制提供案例和先进做法。

(2) 问卷调查法:采用问卷调查与实地调研相结合的方式,发放江苏省新型科研机构调查问卷。通过问卷调查法,直接面对实践和现场,了解第一手情况,并为江苏新型科研机构成长机制的影响因素分析和成长机制的整体特征分析,提供基本数据和资料。

（3）实证研究法：主要采用了结构方程和系统动力学两种方法。对问卷进行信度、效度检验,运用问卷与实地调研数据对江苏新型科研机构市场化机制的建设路径构建结构方程并进行验证。另外,运用系统动力学方法,构建江苏新型科研机构运行过程中各个变量间的交互作用的系统动力学流图,并分析四种重要的系统运行机制。对江苏新型科研机构运行系统中各个变量间关系建立方程模型,并对模型进行仿真演化分析,总结江苏新型科研机构的动态演化规律。

1.3 相关概念界定

为了更好地研究新型科研机构的成长机制和优化发展路径,有必要对涉及本书的主要概念进行界定。

1. 新发展格局(The New Development Paradigm)

党的十九届五中全会明确了加速构建以国内大循环为主体、国内国际双循环相互促进的新发展格局的重要方针。该方针的核心任务是促进高质量增长,主要着力于深化供给侧结构性改革,而推动这一进程的根本动力在于改革与创新,旨在加速建立新的发展格局。实现这一目标的关键在于促进经济循环流动和产业间的联动。要解决各种瓶颈问题和制约因素,提高供给体系的创新能力和关联度,以实现国民经济循环的畅通。为实现这一方针,必须全面落实深化改革、拓展开放深度与广度、助力科技创新,并以产业结构的升级为目标。重点在于实现国民经济体系的高效完整运转,需集中精力解决主要挑战,疏通关键环节,协调生产、分配、流通、消费各环节,以实现供需平衡。

2. 战略性新兴产业(Strategic Emerging Industries)

发展战略性新兴产业是中国经济转型的重要国策,是建设创新型国家的战略基点。国务院于2010年10月10日公布了《关于加快培育和发展战略性新兴产业的决定》(国发〔2010〕32号),将战略性新兴产业定义为:战略性新兴产业是以重大技术突破和重大发展需求为基础,对经济社会全局和长远发展具有重大引领带动作用,知识技术密集、物质资源消耗少、成长潜力大、综合效益好的产业。该决策明确了国家战略将重点培育和支持节能环保、新一代信息技术、生物科技、高端装备制造、新能源、新材料及新能源汽车等七大战略性新兴产业。这七大产业被视为提升我国产业核心竞争力的先导性和支柱性产业。

3. 产业技术创新（Industrial Technology Innovation）

产业技术创新是以市场为导向的重要举措，其核心在于通过企业技术创新的不断推动来实现产业竞争力的提升。这种创新注重技术在企业间和产业间的传播与应用，从而促进整个产业链的升级与发展。在这个过程中，企业的技术创新不仅仅是为了自身的发展，更是为了推动整个产业的进步。因此，产业技术创新不仅是企业发展的需要，也是实现产业整体竞争力提升的关键路径。

产业技术创新是一个综合性的过程，它囊括了从新产品或新工艺的构思到技术的开发、生产、商业化，再到最终的产业化全过程。这个过程涉及多个环节，包括技术的引进、吸收消化，以及与市场的紧密对接。在这个过程中，各项活动相互关联、相辅相成，共同推动着产业的发展和升级。

4. 新型科研机构（New Research Institutions）

新型科研机构是近年来在我国新出现的一种研发组织形式，是适应经济和科技发展需要而产生的一类与传统科研机构相比不同的研发组织。在机制创新、科研成果转化加速、引进创新人才方面与传统科研机构形成了鲜明对比，有其自身的特点。为了与传统科研机构相区别，将其称为"新型科研机构"。目前对新型科研机构尚未形成统一认可的概念，但都反映了其体制新颖、机制灵活的特点。如苏州市科学技术局对新型科研机构的认定为：以多种主体投资、多样化模式组建、市场需求为导向、企业化模式运作的独立法人组织，主要从事科学研究与技术研发，并开展成果转移转化、创业孵化、投融资等科技服务活动，注重在管理体制、运作机制、发展模式、协同创新等方面大力探索创新，充分调动相关人员的创新积极性，服务于区域产业发展、企业培育、人才集聚。科技部2019年给其定义为：新型科研机构是聚焦科技创新需求，从事科学研究、技术创新和研发服务，投资主体多元化、管理制度现代化、运行机制市场化、用人机制灵活的独立法人机构，可依法注册为科技类民办非企业单位、事业单位和企业。

结合对典型新型科研机构的深入研究，本书对新型科研机构的范围和定义作出界定：新型科研机构指的是由多个投资主体组建，以市场为导向，体制新颖、机制灵活、高层次人才集聚，采用市场化运作，兼具科技创新与产业化，在前沿科技研发、产业共性关键技术、成果转化、企业孵化、公共服务和人才培养等某些方面发挥突出作用的独立法人科研组织。本书所指的新型科研机构既涵盖了政府主导协调多方力量建立、高校和科研院所与地方政府合建的科研机构，又包括改制后的国有科研院所。同时，由企业内生而来的独立研发机构，也属于新型科研机构的范畴。综上，它既可以是事业单位，也可以是民办非企业、股份制企业。

1.4 主要内容与结构安排

本书的研究内容与结构安排，如表1-1所示：

第一章是概述。从分析研究背景入手，阐述研究的理论和实践意义，对本书涉及的基本概念进行界定。最后概述了本书的研究思路、研究内容和研究方法。

第二章是文献综述。梳理回顾了国内外关于产学研合作、科技成果转化与新型研发机构相关的文献。

第三章是国内外新型科研机构发展模式比较。比较发达国家和地区新型科研机构的发展动态和先进经验，梳理了我国新型科研机构的发展历程，总结出国内领先地区的新型科研机构发展模式，并得出经验和启示。

第四章是江苏省新型科研机构发展现状与问题研究。首先对新型科研机构的概念进行梳理与评价，对新型科研机构的范围、内涵与功能作出界定。其次分析江苏新型科研机构的发展现状，通过实地调研和问卷调查对其存在问题进行定位。

第五章是新型科研机构成长的理论基础论述。首先讨论了新发展格局理论产生背景和主要内容。其次讨论了新型科研机构的角色理论，它的角色是协同合作与交流的创新平台，组织属性是非营利性组织机构，而本质特征是产学研深度融合组织模式。新型科研机构的成长机制理论包含协同创新理论、知识网络复杂论、开放系统论和分类理论等。

第六章是新型科研机构影响因素分析。运用角色理论、非营利组织理论、三螺旋理论等明确新型科研机构的角色定位、组织属性与本质特征。通过实地调研和问卷调查，收集苏州、无锡、南京等地区样本数据，运用统计、量表、结构方程等方法进行分析，试图挖掘资源配置市场化方式下新型科研机构成长的关键影响因素与实现机制，建立其成长机制的理论框架。

第七章是江苏省新型科研机构成长机制与改善研究。通过对江苏典型新型科研机构的调研与实证研究，总结江苏新型科研机构的特色。运用系动力学理论与方法,构建新型科研机构创新系统模型,并分析四种重要的系统成长机制及其动态演化趋势。在此基础上构建江苏新型科研机构成长机制的目标逻辑与逻辑路径。

第八章是政策与建议的提出。根据江苏新型科研机构的发展现状,结合新型科研机构成长机制研究成果,综合江苏省具体地方特色提出详细具体、切实可行的政策建议。

表1-1 本书的结构安排

本书的研究内容	本书的章节安排
确立研究主题,明确研究内容、研究意义与思路方法	第一章 概述
对相关理论与研究文献进行梳理与回顾	第二章 相关文献研究与评述
国内外发展动态阐述与先进经验,提出对江苏有借鉴意义的结论与启示	第三章 国内外新型科研机构发展模式比较
梳理新型科研机构的概念,界定其范围、内涵和功能;分析江苏省新型科研机构发展现状与存在问题	第四章 江苏省新型科研机构发展现状与问题研究
提出了新型科研机构的理论基础,探讨了新发展格局理论,论述了新型科研机构的角色理论、成长机制理论等	第五章 新型科研机构成长的理论基础
从静态视角分析新型科研机构问题,实证分析新型科研机构成长的关键影响因素与实现机制,建立其成长机制的理论框架	第六章 江苏省新型科研机构成长的影响因素分析
从动态视角分析新型科研机构问题,分析四种重要的系统成长机制及其动态演化趋势,构建成长机制的目标逻辑与优化逻辑	第七章 江苏省新型科研机构成长机制与改善研究
提出政策建议	第八章 政策与建议的提出

第二章

相关文献研究与评述

本章是对有关新型科研机构的国内和国外理论文献进行评述。主要对产学研合作、科技成果转化和对立研发机构或新型科研机构等三方面相关文献评述,最后指出现有文献贡献与可能的理论缺陷。

2.1 国外相关文献

2.1.1 产学研合作相关文献

产学研合作作为重要的创新载体,在国外学者的研究中得到了广泛关注。他们从合作类型、合作影响因素以及合作创新绩效等方面展开了丰富的研究。

产学研合作类型 Lee(1996)指出,大学与企业的协作是双赢的,他们之间的合作关系是一种双向的、互惠互利的关系。借助与企业的密切合作,大学产生实用的成果,为企业提供技术支持和市场竞争力;大学也能够积累更加贴合实际需求的学术成果,更深入地了解市场需求。Owen-Smith 和 Powell(2003)通过深入分析美国大量的产学研合作案例,旨在揭示高校在这种合作中的关键关注点和行为模式。结果表明专利申请、人才培养以及技术交流是产学研合作中的重要环节。Allen 和 Taylor(2005)发现,高校在与产业界和政府的合作中扮演着重要的角色,这种合作有助于共同寻找解决方案,推动技术从实验室走向市场。Atlan等(2007)将产学研合作类型划分为一般资助的研究、合作研发、研发中心、产学联盟、大学中的产业联盟方案以及创业六大类。根据合作的关联度与密切度,Wright等(2008)将其分为项目模式、实体模式、联盟模式、虚拟模式和共建模式。

产学研合作的影响因素 Link和Rees(1990)的研究发现,规模较小的公司对于合作研发成果的运用更加灵活和充分。López-Martínez等(1994)研究以墨西哥的高等教育机构和企业为分析对象,研究结果表明,发明专利、共同的学科愿景以及企业的经济援助是促使高校进行产学研合作的关键要素。Hemmer等(2014)的研究结果表明,在产学研合作中,信任机制对创新绩效的影响至关重要,而合作伙伴的声誉和契约制度的有效运作在信任建立过程中发挥着关键的前置作用。Johnston和Huggins(2017)的研究发现,近距离的地理位置不仅能够促进产学研合作双方之间的沟通和交流,也能够降低合作的交易成本,提高合作的效率。另外,Fuentes和Dutrénit(2016)指出,企业对知识的吸收能力在选择合作大学对象时扮演着至关重要的角色,它能够弥补地理位置的限制。Xing和Yan(2018)的实证研究表明,知识产权保护在校企合作中的重要性不言而喻。它不仅有助于激励创新和投资,降低风险和不确定性,促进技术转移和商业化,还能保护知识产权的价值,为双方创造更加稳固和有利的合作环境。

产学研合作的创新绩效 George等(2002)的研究发现,产学研合作对公司创新绩效的提升起到了促进作用,与高校合作研发能够降低生物医药公司的研发费用。Laursen和Salter(2004)的研究则发现,公司自身的战略和管理会影响产学研合作的促进效果。Richard(2003)提出,在促进产学研合作的过程中,充分发挥各方的核心优势至关重要。通过充分发挥各方的优势,产学研合作可以实现互补,形成良性循环。Subramanian和Venkatesh(2010)认为,促进产学研合作有助于科研组织推动知识转移、获取高端创新资源以及获得新的知识和技术。这种合作模式旨在实现科技成果的转化,并加速科学研究的应用,为产业发展提供支持和创新动力。Bodas等(2013)发现,产学研合作研发与公司创新绩效之间的关系受到研发投入、规模、政府补贴以及区域位置的影响。Santoro和Gopalakrishnan(2001)在其研究中将合作绩效衡量标准设定为获得的论文数量、专利数量、新产品数量以及新工艺数量。Kafouros等(2015)指出,企业参与产学研合作能够从高校和研究所中获取更多自身创新所需要的资源,从而增加创新绩效。Eleni和Pierre(2019)

的实证研究结果表明,不同类型的协同创新在模式和特征上存在差异。科研机构通常拥有深厚的技术积累和研究能力,能够提供先进的技术支持和专业知识,帮助企业开发出更加优质和创新的服务产品。高校拥有丰富的教育资源和学术研究成果,与企业合作可以促进技术与市场的结合,推动新产品或服务在市场上的推广和应用,从而实现市场创新。

2.1.2 科技成果转化相关文献

国外科技成果转化通常涵盖技术转移、研究的商业性转化、公共资助研究的商业性转化,以及大学向商业部门的技术转移等概念,其重点在于将科研成果商业化。科技的商业化是科研成果转化的重要环节,对于促进创新、推动经济增长具有重要意义。美国大学技术经理人协会(AUTM)的观点强调了科研机构在这一过程中的关键作用。这需要科研机构与商业实体合作,共同探索市场需求,并将技术转化为具有商业价值的产品或服务。Branscomb 等(2003)认为,科技成果的转化意味着将实验室里的科技产品转化为适用于市场的产品,即要跨越科研机构与市场之间的"达尔文之海",这一过程通常被形象地描述为"惊险的一跃"。

科技成果转化模式研究 Roberts 和 Malonet(1996)基于科技组织分解的模型,将技术的转移转化为市场应用的四种主要模式,包括研发组织、发明家、企业家和风险投资。Etzkowitz(1998)则认为技术转让通常涉及将科技成果整体转让给企业或其他机构,使其进一步开发和商业化。相比之下,衍生企业则是由研发人员自行创建,将科技成果转化为商业产品或服务。这两种模式在推动科技成果转化方面都发挥着重要作用,选择合适的模式取决于具体情况,如研发人员的意愿、科技成果的特性以及市场需求等。Shane(2011)认为研究人员应当将其科技成果视作创业的核心,通过孵化培育的方式将其转化为高科技企业。这种被称为创业分拆的过程已经成为国外推动科技成果转化的关键方法之一。

科技成果转化率的影响因素 发达国家的支持机构和政策也提供了重要的支持和资源,如资金、导师指导和商业化网络等,帮助职务发明人顺利进行科技成果的商业化转化。Santoro 和 Gopalakrishnan(2001)从企业和高校研究中心的角度研究了技术转移的因素,提出了区域位置、政策、信誉、知识产权和专利等因素对技术转移的影响。Thursby 等(2001)的研究表明,研发人员的参与对于科技成果的顺利转化至关重要。Zahra 和 George(2002)指出在技术转化过程中,双方往往面临着一些挑战,其一是难以准确把握所需成果,其二是难以掌握核心技术知识。Allen 和 Taylor(2005)提出,高校在促进技术产业化方面扮演着重要角色,而与产业和政府的合作是实现这一目标的关键路径之一。Simonin(1999)提出,在团队合作或跨领域交流中,隐性知识的共享和传递常常是促进创新和解决问题的关键。为了降低转化成本、提高效率,让研发主体参与到转化过程中至关重要。Sears 和 Hoetker(2014)认为,参与科技成果转化的各方在技术知识和经验方面存在差异程度,理解并克服技术差距是促进科技成果商业化的关键。

科技成果转化能力的评价指标 为了更全面地评估科技成果转化的效果,我们需要综合考虑各种指标,包括出版物、授权、专利、孵化公司等,但还有其他指标如权属性研究合作、产业科技园、技术孵化器、收入流、吸引风投的能力等。综合考虑以上各个角度的评估因素,可以更全面地了解科技成果的转化能力和商业化潜力(Nordfors 等,2003)。Langford 等(2006)的研究结果表明,科技投入指标可以帮助了解高校在科研活动中的投入程度和资源配置情况,从而为科技成果转化提供必要的物质基础和支持条件;产出指标则反映了高校在科研活动中所取得的具体成果和知识产权,对于衡量高校科研水平和创新能力具有重要意义;而效果指标则更加直接地体现了科技成果转化对社会和经济的实际影响,是评价高校科技成果转化效果的重要依据。

2.1.3 独立研发机构相关文献

"新型科研机构"是中国特有的概念,而在国外,更常见的称谓是独立性研发机构。虽然在国外没有明确称之为"新型科研机构",但许多机构的性质和职能与我国新型科研机构的发展目标相似,因此,国外的相关经验可以为新型科研机构的发展提供有益启示。例如,2008 年,欧盟正面临着全球经济不确定性加剧和竞争加剧的挑战,为了应对这一局面并加速经济增长,欧盟决定成立欧洲创新与技术研究院,这一举措被视为欧盟战略性转型的重要一步。该研究院的设立标志着欧盟对科技创新的高度重视,旨在通过跨领域的合作,促进科技成果的转化和应用,从而推动创新。2012 年,美国制造业在技术创新和产业升级方面取得了显著的进展,通过跨界合作的模式,为企业提供了研发和创新的平台,还促进了产学研之间的紧密合作和知识共享,加速了科技成果的转化和商业化。弗劳恩霍夫研究所作为德国的一家研发机构,探索了现代市场化运营方式,展现了其独特的特色。这种模式使其成为国际上政府资助市场化运营的典范,被广泛认为是公共研究机构管理的成功案例之一。这种管理模式被称为"弗劳恩霍夫模式",为公共研究机构的管理体制树立了新的标杆。这些国外的案例表明,通过整合各方资源、构建合作网络、采用现代化的管理模式,可以有效推动科技创新和经济发展。因此,这些经验可以为中国新型科研机构的建设提供有益借鉴。

研发机构的研发资助 根据经济合作与发展组织(OECD)的一项调查,增加研发经费的国家通常会通过竞争方式进行分配,其中只有很少一部分作为机构性资助经费分配给研究机构(大部分用于工资和管理费用),而这种资助是不带任何附加条件的。德国的科研机构主要从官方机构(政府基金)、半官方机构(学术协会、基金会等),以及非官方机构(产业资本)获得资助。日本政府的研究资助机制包括三种方式:第一种是根据科研项目的学术质量和创新潜力来确定资助对象;第二种是通过建立独立的实验室来集中资源和人才,加速特定领域的研究和创新;第三种是通过建立多层次、多方参与的合作机制,整合"官产学研"各方的研究资源,以实现社会的实际需求和挑战。马来西亚政府采取了"竞争导向"的原则来推动技术创新活动,包括:政府通过普遍的优惠政策和资助来支持整个科技创新领域的发展,重点扶持国家重点产业的关键技术研发和成果转化,有效引导和调动相关企业和机构的研发投入,推动科技成果的商业化效益。Carayannis 等(1998)等对美国工程研究中心的研究表明,政府资金的支持在其成功过程中发挥了关键作用。Landry 等(2002)认为,社会资本整合机制将多样化的结构性资本分配和调整,将企业资产、信息资产和任职资产整合在一起,以推动协同创新发展的目标。Moulaert 和 Hamdouch(2006)发现,政府资助、科技合作、技术转让及应用服务是科研机构主要的资金来源。

研发机构的创新绩效 跨国公司或国际大型企业通常以设立高水平的研发机构来实现对技术的持续投入和创新。事实上,它们的研发投入往往占到了企业总收入的10%,甚至占据更高比例。Kuby 等(2004)的研究发现,这些大型跨国企业将生产、研发、销售等环节分布在不同国家和地区,建立了庞大的产业链布局。在全球布局中,研发机构的地位显得尤为关键。这些研发机构不仅负责新产品的研发和创新,还是企业技术实力和竞争力的重要体现。根据 Busom(2000)的研究,公共技术研发的重要性远远超出了简单的经济收益的考量,它对于社会的发展、经济的增长、不平等的减少,以及全球挑战的应对都具有重要意义。而在研发活动中,高校和科研院所作为科学研究的重要场所,承担着探索基础科学原理和开发应用技术的重要任务。Rhoten 和 Parker(2004)指出,美国高校实行了有组织的科研模式,通过整合政府、高校和产业界等各方资源,充分调动了各学科科研学者的创新力量。

绩效管理与评价 美国针对公共研发组织的研发活动通常采用核查项目、监督工作进展以及评定晋升资格等方式。理事会作为实验室的监督机构,负责确保实验室的运作符合相关法律法规和政策规定,英国的理事会对研发组织开展的定期评估是确保科研活动高效运作的重要保障。通过严格的评估体系,涵盖考察研究成果、科研设施和人才队伍、研究机构的优势领域和核心竞争力、研究机构对用户的影响和服务水平,以及管理效果和效率等方面,可以全面了解研究机构的科研实力、创新潜力和管理水平,并为其提供指导和支持。在绩效评价方面,Coccia(2008)提出了"科学研究绩效"概念,强调政府需要恰当的工具来更好地掌控研究机构的优势和劣势,从而有针对性地进行改进和优化。他建议可以通过衡量研究机构所取得的成果与其所投入的资源之间的关系,对其绩效进行更客观地评价。Sicotte 和 Langley(2000)指出,公共研发机构往往以公益为宗旨,注重科研成果的社会价值和对公众利益的贡献,而市场化研发机构则更加注重商业化和经济效益。因此,评估公共研发机构不能直接照搬市场化的研发机构评价体系。评估公共研发机构的绩效时,应重点考虑其在科研创新、社会服务和公共利益方面的表现。Brezis(2007)指出由于评审者可能受到个人偏见、学术圈内部利益冲突等因素影响,其研发项目的评价结果可能存在一定的偏差。而焦点随机化机制的提出意味着评审过程中将随机选取评审者,这就避免了固定评审小组的形成,从而减少了评审过程中的偏见可能性。

2.2 国内相关文献

2.2.1 产学研合作相关文献

自1998年以来,中国企业开始积极参与产学研合作,这一趋势逐渐成为推动科技创新和经济发展的重要力量。产学研合作的核心在于将企业、高校和科研机构的专业领域和资源优势相结合,共同开展创新研发活动(刘鑫和王秀丽,2009)。这种合作模式不仅涉及生产、教育和科研等不同社会领域的主体,还强调了创新要素的协同作用(王进富和兰岚,2013)。通过将不同领域的专业知识和技术进行交叉整合,产学研合作有助于促进创新成果的产出和技术水平的提升。创新的关键在于技术研发、专业知识、市场需求、政策支持以及人才培养等多方面的因素共同作用,这些因素相互交织、相互促进,进而形成了产学研合作的创新生态系统。其中,知识的传递和共享是产学研合作的重要特征之一,不同主体间的知识交流和合作可以促进技术成果的互相借鉴和迭代发展,推动科技成果的转化和应用(Yu 等,2018)。尽管在狭义概念上,产学研合作主要涉及企业、高校和科研机构这三方,但学术界对于其讨论往往更为广泛;除了这三方,还涉及政府部门、行业协会、技术咨询机构等多个社会主体的合作。这种广义上的产学研合作模式更能够促进不同领域之间的交流与合作,推动创新能力的全面提升。

产学研合作类型　产学研合作的多样性起源于各参与方独特的特点和需求,这使得合作模式多种多样。嵇忆虹等(1998)根据产学研合作过程中技术交流和资源整合的不同方式,将产学研合作研发划分为技术转让、合作研发和新建实体。此外,曹静等(2009)研究表明,企业在深入地参与研发过程,与科研机构或高校共同投入资源和人力,并联合进行研发活动的方式下,能够充分利用各方的优势资源,这是企业普遍采用和高度接受的合作方式。其次是企业委托科研机构或高校进行特定项目的研发工作,企业提供资金和项目要求(仲伟俊等,2009)。而熊鸿儒(2021)结合 OECD 2019 年的报告,根据是否需要合同约束将国内产学研合作分为正式渠道和非正式渠道两类。其中正式渠道的产学研合作需要明确的合同和法律约束,确保各方的权利和义务,包括合作研究项目、专利、技术咨询等;而非正式渠道的产学研合作则不需要合同约束,更加灵活和开放,包括合作发表文章、共享信息与资源等。

产学研合作的影响因素　学术界对产学研合作的影响因素进行了广泛研究,揭示了多个关键因素对合作成效的重要影响。早在 1997 年,李廉水(1997)就指出,明确的利润分配可以减少合作中的利益冲突,增强合作的稳定性和持续性,同时提高各方的积极性和投入度,能够有效激励各方参与合作,确保科研成果能够顺利转化为实际应用。刘本盛(2000)研究发现,中小企业与高校进行合作时,政府的介入和支持是构建平衡且稳定管理模式的关键。政府在产学研合作中发挥着重要的引导和支持作用,为合作双方提供政策支持和资源保障,推动合作项目的顺利开展。随着经济全球化和企业经营所处的市场环境变化,产学研合作面临着新的挑战和机遇。企业不仅要面对国内市场的竞争,还需要参与国际市场的竞争,这要求企业在产学研合作中更加注重技术创新和国际合作。庄涛和吴洪(2013)指出,政府在这一过程中的作用也随之加强,需要加强政策引导和监管,促进产学研合作的深入发展。陈培樗和屠梅曾(2007)认为,产学研合作受到内外部多种因素影响:内部因素因分析主体的不同而不同,外部因素主要集中在行业竞争激烈以及国家创新战略的提出。常洁和乔彬(2020)发现,产学研合作研发的三个主体的配合集中体现在知识流通上的配合,知识的转移、吸收、共享、利用与再创造的效率共同影响着产学研合作的发展方向和效果,需要各方共同努力,建立更加有效的合作机制,促进创新成果的产出和社会经济的发展。

产学研合作的创新绩效 企业与学术界的合作对于提升企业的自主创新能力和技术多元化具有重要作用。杨小婉等(2021)的研究表明,良好的产学研合作能够积极影响企业的自主创新能力,使企业在激烈的市场竞争中保持技术领先地位。徐欣和刘梦冉(2020)进一步指出,这种合作为企业引入了多样化的技术路径和解决方案,且为其注入了新的活力。这不仅有助于企业在现有技术基础上进行改进,还能激发新的创新思路和技术突破。魏守华等(2013)和姜文宁等(2020)的研究则表明,企业通过合作能够共享高校和研究机构的先进科研设施和丰富的研究经验,从而降低了自主创新的成本。这种资源共享的方式不仅提高了研发效率,还减少了企业在设备和人才方面的投入(蒋舒阳等,2021)。同时,由于基础研究的持续投资风险较高且成功率较低,许多公司不愿意投资于此领域(李培楠和张苏雁,2019),而企业与学术界的合作能够有效降低这一风险,为企业进行创新提供了更为稳定和可靠的保障(蒋舒阳等,2021)。

一些学者还探讨了企业与学术界合作对创新绩效的重要影响。傅首清(2010)的研究指出,企业和学术研究主体之间的密切合作能够促使知识和技术的有效转移与共享,从而提升企业的创新效率。政府的引导在这种合作中也扮演了关键角色,通过为企业与学术界的合作提供良好的环境和资源保障,从而促进研发活动的顺利进行。金培振等(2019)进一步研究了环境保护制度的影响,发现该制度在不同地区对企业与学术界合作创新的效果存在差异。这表明企业在制定合作策略时需要考虑到环境保护政策的区域性差异,以便更好地利用当地资源和政策优势进行创新。权小锋等(2020)通过对企业博士后科研工作站的研究,发现高质量的博士后科研工作站和优秀的合作院校能够为企业提供更多的高端人才和先进技术,从而提升企业的创新能力和产出效益。张羽飞等(2022)的研究则揭示了外部环境的不确定性对企业与学术界合作创新的影响。在高度不确定的环境下,广泛的合作网络可以帮助企业快速获取最新技术和市场信息,增强其应对不确定性的能力。这种多样化的合作关系能够带来丰富的资源和多元化的视角,从而提升创新能力。然而,在这种环境下,过于依赖单一或少数合作伙伴的深度合作可能导致创新灵活性的下降,这可能会限制企业快速响应市场变化的能力。此外,频繁的合作互动虽然可以促进信息交流和协作,但也可能导致沟通成本和协调难度的增加,甚至引发合作冲突,降低整体创新效率。

综上所述,企业与学术界的合作在提升创新绩效方面具有重要意义,而不同的影响因素,如合作紧密度、政府引导、环境保护制度、博士后科研工作站质量以及外部环境不确定性等,都会对这种合作的效果产生显著影响。因此,企业在开展与学术界的合作时,应综合考虑这些因素,以制定更有效的合作策略,从而最大化创新绩效。

2.2.2 科技成果转化相关文献

科技成果转化的概念和内涵 国家科委课题组在20世纪90年代首次书面提出科技成果转化是一个涉及多个环节的复杂过程,其范围远不止于简单的研究和开发阶段。这一过程涉及从科学研究的初步发现到最终的商业化应用,并且通常包括中试、试制、生产、销售等多个阶段。蔡跃洲(2015)确定了科技成果转化的范围,即将科研成果从实验室转移到市场的过程。这一转化过程不仅限于单一的路径或方式,而是涉及多种渠道和策略,最终实现商业化并在经济中发挥作用。《中华人民共和国促进科技成果转化法》的修订在指导和规范科技成果转化方面发挥了重要作用。这部法律明确了科技成果转化的目的,即提高生产力水平,从而促进经济的持续增长和社会的进步。该法律将科技成果转化定义为一系列活动的集合,将基础研究成果转化为可应用于生产实践的技术和工艺,乃至新产业的孵化和发展。科技成果转化是一个综合性的过程,其定义获得了官方和学界的广泛认可。这一过程不仅涵盖了科研机构在公共资助的项目中所取得的成果,还包括了与这些成果相关的一系列活动和过程。

科技成果转化模式研究 李孔岳(2006)通过借鉴国外成功的经验和机制,认为确立立法导向对于规范和促进科技成果转化具有重要作用。此外,建立起科技成果转化的合理收益分配机制,也可以更好地推动科技成果向市场转化。胡罡等(2014)认为高校作为科研和人才培养的重要基地,在科技成果转化中扮演着关键的角色。但是单靠高校或单靠企业往往难以实现这一转化,通过多个研发主体共同组建研发组织是一个值得探索的方向。田国华和张胜(2019)提出设立科技成果转化基金、引导社会资本投资科技成果转化项目、建立科技成果转化的利益共享机制、设立转化奖励机制等多项举措,推动科技成果的转化和应用。

科技成果转化率的影响因素 王顺兵(2011)对比分析发达国家的成功经验后,发现我国在科技成果转化方面面临着一些挑战和障碍。其中,职务发明制度是一个值得关注的问题,这在一定程度上抑制了科研人员的创新积极性和转化动力。此外,我国在科技评价和考核中偏重产出而轻视转化的现象也是一个需要解决的问题。张虎等(2017)认为高校科技成果转化率不高的问题实际上是一个相互制约的过程。尽管高校在科研领域取得了许多突破性的成果,但这些成果往往与市场需求和产业发展的实际情况存在一定的脱节。与此同时,需求方也缺乏相应的能力去吸纳和应用这些科技成果。韩国元等(2017)实证结果显示转化主体的知识储备水平越高,其在科技成果转化过程中的表现往往更为出色。即使是拥有较高知识储备的转化主体,在面对与其所掌握知识相距较远的科技成果时,转化的成功率也会受到一定的影响。

科技成果转化能力的评价 科技成果转化评价的研究颇具丰富,本部分旨在介绍该领域内一些常见的评价研究分类。张继东等(2015)基于科研基础能力对科技成果转化进行评价,具体包括研发资金获取、政策支持、产业配套、产权保障以及协同创新平台等指标。赵志耘和杜红亮(2011)在对不同转化模式进行评价时,首先将科技成果进行划分并确定其类型,进一步量化地建立相应的监测指标体系,从而全面了解科技成果转化的实际情况。戚湧等(2015)分析出江苏高校在科研经费筹集、转化环境建设、知识产权保护以及多主体合作等方面存在的问题,并提出相应的完善措施。陶晓丽等(2015)深入了解科技成果转化的关键因素和评价标准,并以此构建综合评价指标体系。该指标体系涵盖了科技成果的科学价值、社会价值以及市场价值。

2.2.3 新型研发机构相关文献

随着国家对科技创新及创新体制的重视,新型研发机构逐渐被市场接受,相关理论研究开始深入发展。国内学术界对新型科研机构的研究主题主要分布在其发展现状、内涵与特点、建设模式、运行机制、绩效评估等方面。

下文将从上述几个方面对相关研究动态进行梳理。

新型科研机构的内涵与特点 新型研发机构的出现受到学界的关注,一些学者对新型研发机构的概念进行归纳研究。陈宝明等(2013)认为新型研发组织的涌现源于对经济和科技发展需求的迅速响应。这些组织以其灵活的组织结构和快速的决策机制为特点,同时与产业界、学术界的紧密合作,以及对市场需求的高度敏感,使得其在科研成果转化方面具有独特优势。新型研发组织是适应经济和科技发展需要而产生的一类新型研发机构,概括了该类研发机构在机制创新、科研成果转化方面的鲜明特点,指出中国应将积极引导新型研发组织发展作为实施科技体制改革的重要举措。曾国屏和林菲(2014)将新型科研机构界定为创业型科研机构,以科技研发成果的应用、产业化和商业化为目的,以衍生、创造新产业或新企业为导向。苟尤钊和林菲(2015)认为,科研机构和企业之间的界限逐渐模糊,新型科研实体在这一过程中应运而生,它既具备科研机构的学术氛围和研究导向,又融合了企业的商业化特征,形成了一种新的科技创新模式。吴卫和银路(2016)认为,新型研发机构是科学研究与产业转化活动之间的融合组织,由一个或多个主体方投资,采取多样化模式组建,采取企业化机制运作,以技术创新和技术成果产业化为导向,从事区域大力发展的相关产业的科技研发工作,致力于技术成果的产业转化。张守华(2017)认为以市场为导向,集科技创新与产业化于一体是新型科研机构的显著特点。周恩德和刘国新(2017)认为新型科研机构主要依托创新科研团队、国内知名高校院所或龙头企业来组建,遵循市场竞争和科技创新规律,同时具有体制新颖、机制灵活、运行高效、人才富集等特点。

新型科研机构的发展模式 董建中和林祥(2012)主要从新型研发机构的研发模式方面进行研究,认为其能提升源头创新能力、快速实现产业化,为我国传统科研机构的改革指明了方向。李栋亮和陈宇山(2013)把新型科研机构分为民办公助、企业内生、国有新制这三种基本类型。朱建军等(2013)根据研发机构的实施主体将新型科研机构分为政府主导、企业主导、高校主导、科研院所主导和非政府组织主导这五种模式。曾国屏和林菲(2014)把现有的新型科研机构分为"国有新制""民办官助"和"企业及联盟创办"这三种基本类型。王勇和王蒲生(2014)将新型科研机构分为科研新型科研机构和创业新型科研机构。前者科研能力优于创业能力,在人才培养、科研论文、科研专利方面优势更明显;后者创业能力优于科研能力,在科技孵化、成果转化优势突出,且更注重社会网络资本。二者都体现了"基础研究—应用研究—技术开发—产业化应用—企业孵化"的纵向延伸和贯通。何慧芳和龙云凤(2014)将国内的新型科研机构建设模式划分为海外归国人才创业、建立民办非企业机构、组建创新联盟、企业研发机构和政府引导新形态这五种,以股份制、合伙制、民办非企业、公司法人等形式存在,既包括独立法人,也包括非独立法人。谈力和陈宇山(2015)从新型研发机构的投入主体来分类,将新型研发机构分为政府主导、高校主导、科研院所主导、企业主导、社会组织、团体或个人主导等建设模式。政府在支持每一类型的新型研发机构时,应该根据其特点和需求采取相应的支持方式和力度,以确保其有效运作和发展。陈宇山和陈雪(2015)将各地出现的新型科研机构分为政府牵头主导和统筹协调组建、高校和科研机构联合地方政府建立、民办新型科研机构、企业及产业联盟创办这四种模式。前两种模式是近几年新型科研机构创建的主要模式。赵剑冬和戴青云(2017)提出新型研发机构的构建方式包括社会资本自主建设、大学与地方合作建设、国家科研机构与地方合作建设、传统科研机构改革重组及行业公共技术创新平台的认定。

新型科研机构的运行机制 夏太寿等(2014)认为新型研发机构协同机制是资源投入方式、利益分配方式、经营模式、人才管理机制、绩效评估机制和激励机制的耦合。陈红梅(2016)从区域聚焦机制、选拔培养机制、激励机制、资源投入机制、治理机制、利益分配和风险分担机制以及退出机制等方面研究了新型科研机构的运行机制。赖志杰等(2017)从外部保障和内部生成两个维度构建新型研发机构核心竞争力结构模型,认为其核心竞争力体现在技术能力、管理能力、资源能力和创新能力这几个维度。张雨棋(2018)基于行动者网络理论,对新型研发机构的运行机制进行了深入探讨,研究表明在新型研发机构的建设中,建设主导单位往往扮演着至关重要的角色。他们在新机构建立的初期能够提供必要的支持和指导,通常会在机构运营过程中保留一定程度的管理控制权,延续其原有的管理模式和规章制度,以确保机构的稳定运行。丁红燕等(2019)提出新型研发机构的发展涵盖创新动力机制、管理协调机制、要素配置机制及风险管理机制等四个子机制。刘贻新等(2020)强调了明确的愿景和目标的重要性,还强调了对适当的技术选择、良好的网络建设、有效的团队建设以及积极的交互学习的需求。黄广鹏等(2020)强调人才、知识和产业之间的密切关系,以促进机构的持续创新和发展,从而为科技创新和经济发展提供更为可靠的支撑。毛义华等(2022)提出发展基础、机制支撑、辅助保障、直接依赖等四个层次的新型研发机构运行机理。韩凤芹和马羽彤(2021)通过对江苏省产业技术研究院的成功实践的案例分析,构建出体制放权赋能与市场化机制支撑并行的双层治理理论框架。马文聪等(2021)研究发现新型研发机构的运行方式和结构受其性质和成立原因的影响很大。这种影响不仅体现在机构的决策机制和运作模式上,还会对其创新战略和未来发展方向产生深远的影响。

新型科研机构的绩效管理　近两年来一些学者重点围绕新型科研机构创新绩效的影响因素、绩效评价与管理等方面展开研究。赖志杰等(2017)从外部保障和内部生成两个维度构建新型研发机构核心竞争力结构模型,认为其核心竞争力体现在技术能力、管理能力、资源能力和创新能力这几个维度上。周恩德和刘国新(2018)以广东省38家新型科研机构为样本,实证研究发现研发经费支出和政府支持显著正向促进新型科研机构的创新绩效。何帅和陈良华(2018)的实证研究结果表明,新型科研机构的网络关系强度、资源整合以及市场机制均对创新绩效有正向作用,且创新环境在新型科研机构的网络关系强度与创新绩效之间、市场机制与创新绩效之间起正向调节作用。丁红燕等(2019)认为制度与市场环境、创新驱动力、风险管理、要素资源与组织管理模式构成了新型科研机构的创新发展机制。孟溦和宋娇娇(2019)从科技资源投入、资源转化、成果产出和社会影响力等全过程要素构建了新型科研机构的绩效分析框架,并对上海微技术工业研究院的绩效进行了评估。曹家栋(2021)研究了资源整合、协同机制、网络关系、协同主体合作意愿对新型科研机构绩效的影响路径。黄水芳(2020)采用了TOE模型着重探讨了技术、组织和环境三个方面及因素组合对新型研发机构创新绩效的影响。康晓婷(2021)实证检验了新型科研机构的知识管理能力、外部协同网络及协同合作能力对其创新绩效的正向作用。马文静等(2022)通过多案例研究,探索分析了新型研发机构推动知识转移的内在机理,建立了从知识识别、知识加工、知识传播到知识应用和知识转移的新逻辑。张玉磊等(2022)从政府与经济的环境因素、人才与设施的技术因素、研发费用与人员的组织因素等三个层面提出了新型科研机构创新绩效的提升路径。

2.3　研究述评

从现有的产学研合作研究文献来看,产学研合作研发被认为是一种"共赢"战略,对产业、教育和科研三方都具有积极意义。在合适的合作对象和恰当的合作制度下,产学研合作研发能够显著促进公司创新质量的提升。现有的文献从合作类型、创新绩效、创新影响因素和创新效率等多个角度对产学研合作进行了研究。在影响产学研合作的因素方面,学者们主要关注高校性质、高校研究质量、高校与企业地理位置、企业研发投入、技术吸收能力、政府补助、合作主体信息网络、知识披露策略,以及产学研合作主体的参与动机等方面展开研究。

总的来看,国内外对科技成果转化的研究都十分丰富。然而,国内外学者在研究科技成果转化模式时呈现出不同的关注点和侧重点。国外学者致力于探索如何最大限度地激励和保护发明人的创新潜力,以及不断探索和尝试新的科技成果转化模式,以促进科技成果的顺利转化;而我国学者则致力于探讨如何在科技成果产生之初就明确权属、探索能够最大程度地调动各方积极性的分配方式,以及如何建立可持续的转化模式等方面。

综上所述,尽管新型科研机构的相关研究起步较晚,但学术界对新型科研机构发展状况及研究动态进行了丰富而深刻的探讨。学术界对新型科研机构的研究已经取得了一系列成果,主要集中在概念、特征、运行机制及绩效管理等方面。尽管国外没有使用"新型科研机构"之类的术语,但类似的机构却早已在国际上崭露头角,其在运行机制、管理模式、绩效评价等方面的研究成果为我国新型科研机构的理论研究与实践发展提供了有益的借鉴。通过相关文献的梳理和总结,可以发现尽管已有研究成果对促进我国新型科研机构的发展进行了一些有益探索,但仍存在以下不足:第一,国内许多学者都围绕其概念、特点、建设模式和运行机制等内容展开研究,观点颇多,比较混乱,目前尚未形成统一认可的概念,因此有必要对已有学者的观点进行梳理,确定新型科研机构的内涵、类型、目标定位;第二,既有文献研究视角狭窄,没有深度挖掘新型科研机构的运行机理与内在规律,缺乏对新型科研机构为什么"新"、如何实现可持续"新"等深层次问题的思考,鲜有文献发现新型研发组织拥有强驱动力的本质在于其市场化成长机制;第三,已有文献从不同方面研究了影响新型科研机构创新发展及其创新绩效的关键要素,但缺乏考虑新型科研机构创新过程的复杂性,更多是集中在单一要素对新型科研机构的线性影响,忽视了各个要素间的互动关系和非线性关联。特别是现有关于新型科研机构创新发展及绩效的研究多侧重于静态的逻辑论证与描述性分析,缺乏系统、动态演化的研究视角与分析方法,鲜有深入分析各个要素在交互关系中的因果反馈机制及动态演化规律;第四,在研究视角上,关于新型科研机构创新发展及绩效的研究多侧重于静态的逻辑论证与描述性分析,缺乏系统、动态演化的研究视角与分析方法,鲜有深入分析各个要素在交互关系中的因果反馈机制及动态演化规律,无法体现新型科研机构成长机制的内在机理;第五,多数文献聚焦于规范性研究和案例研究等,研究方法以定性分析为主,实证研究略少,缺乏有说服力的定量实证做支撑。因此,有必要对新型科研机构的运行进行数据检验,发掘其"市场化"成长机制的内在逻辑和规律。

第三章

国内外新型科研机构发展模式比较

为了更好地研究江苏新型科研机构发展现状、特点与改进。作者梳理了发达国家和地区独立研发机构的发展模式与特点；分析了我国新型科研机构发展历程；同时比较了我国不同省市新型科研机构的发展模式。这为更好发展江苏新型科研机构提供理论与实践经验借鉴。

3.1 发达国家独立研发机构的发展模式

近年来，随着科技进步的加速和全球竞争的日益激烈，美国和欧盟等地区不断探索创新研发组织形式。这些组织包括制造业创新研究所、能源创新中心、创新与技术研究学院等，它们的建立旨在强化创新价值链的紧密衔接，推动科技成果的转化和应用。与传统的科研机构相比，这些新型组织在管理上更加注重灵活性和效率性，采用了适距关系型管理模式，即在研究项目的管理中，强调与政府、企业和学术界之间的密切合作和互动。此外，新型研发组织还普遍采用契约制度，即通过明确的合同关系确保研究项目的有效实施和成果的达成。这些新型研发组织的兴起对全球科研机构构建方式产生了重大影响，值得我国借鉴其市场化机制的先进经验。下面将对部分发达国家的新型科研机构的特点、运行机制、制度管理等加以评述，借鉴其市场化机制的先进经验。

3.1.1 美国

1. 美国科研机构概况

美国的研究与开发体系经过长时间的演进已成为一个高度完善的系统,主要组成包括联邦政府所属的国家实验室体系、产业界研发机构、大学研发机构以及非营利性研发机构。(1)国家实验室体系是美国研究开发体系中的重要组成部分。这些实验室数量众多且分布广泛,从国防部到卫生与公共事业部,从国家航空航天局到能源部,涵盖了军事、空间、卫生、能源和基础科学等多个领域。其中基础研究、研究开发和应用研究这三种研发活动类型占比分别为15%、55%和30%。这些实验室的主要任务是为联邦政府的各个机构提供研究支持,帮助完成各种研究任务,每年的经费投入相当可观,占据了联邦政府研究总经费的三分之一,形成了美国除产业界外第二大的研发体系。(2)产业界的研发机构在美国的研究与开发中扮演着重要角色。工业企业拥有大约2万个实验室,雇用了约300万科技人员。这些企业的研发活动主要集中在高技术产业,如航空航天、通信等领域,其工作范围涵盖联邦政府委托的研究以及自主投资的研究项目。它们每年投入的科研资金达到了惊人的数额,占据了全国科研开支总额的70%。这些企业不仅仅是美国研发能力的基础,也是推动美国科技创新的重要力量。(3)大学研发机构也是美国研究与发展体系的重要组成部分。这些机构的研究活动重点是应用研究,主要以产品研发为核心。据调查,美国90%以上的高技术产业园区都以著名的大学和国家实验室为其技术依托。(4)非营利性科研机构虽然规模较小,但在美国的研究体系中同样发挥着重要作用。这些机构主要从事咨询和专门研究,为政府和企业的研发工作提供支持和补充。与其他类型的科研机构相比,政府对非营利性科研机构的内部管理干涉较少,这使得它们能够更加自主地开展研究工作,追求更大的创新和发展空间。

美国联邦政府为推动科技创新和产业发展,通过设立一系列新型研发机构,展现了对科研领域的长远投资和支持。其中包括美国联邦政府资助的研发中心(历史最多达82个)、能源前沿研究中心(2009—2014年第一批46个;2015—2019年第二批32个)、能源创新中心(计划建8个,截至2015年已建成5个)、能源高级研究计划署(1个资助机构),以及制造业创新研究院(2013年提出未来10年达到45个,已建9个)等新型研发组织。美国政府对所支持的这些新型研发机构明确了其核心定位、资助年限及金额、机构数量以及研究人员和依托机构。研究团队涵盖多个学科背景,依托机构多样化(包括政府、国家实验室、产业界、学术界以及非营利组织),采用联合治理模式。不同类型的新型研发机构其核心定位和依托机构的侧重点不同。

联邦财政资金投入 (1)政府采取了最大化利用社会研发力量的策略,将资金投入到国家需要和任务导向的研究项目中,并且提供有条件的稳定支持机制,大部分资助周期为 5 年,以确保长期的科研持续性和稳定性;(2)采取定向帮扶中小型研发机构的措施,致力于特定领域的关键突破与攻关;(3)引导公私合作领域方向和吸引更多私营和非财政资本(美国私人基金会、公司和个人赞助);(4)政府还建立了新型资助机构,如能源高级研究计划署,该机构专门资助革命性和颠覆性技术的研发。

新型科研机构与科研项目管理 (1)对资助机构精心选择、完善考核和评估。资助的项目目标领域均由政府和专家精心选择,通过外部科学咨询委员会对获取资助机构的早期运营和管理情况进行严格的科学和技术评估,资助的延续取决于良好的绩效考核和对未来研发计划的执行情况;(2)在内部管理方面,新型科研机构采取了简化审批流程的措施,以减少联邦干预。通过设立唯一的项目官员和独立的科研小组,能够更加高效地进行管理和评估,提高科研项目的执行效率和灵活性;(3)新型科研机构还积极推动形成创新网络,与企业、研究型大学、社区学院、非营利机构和实验室等多方建立合作伙伴关系。这种创新网络不仅促进了各方资源的共享和优势互补,还激发了非联邦及私营部门的研发投资。在这个网络中,企业员工与科研人员之间的流动促进了基础研究成果的及时转化和应用,同时科研人员也能够与企业合作得到更多的支持和资源,二者凝聚成一种交互联动的发展力量,推动科技创新的持续推进和产出。

2. 成功经验:美国国防部高级研究计划局(DARPA)

美国国防部高级研究计划局(DARPA)创立于 1958 年 2 月,其使命是在确保国家安全的前提下,推动美国在科技领域的领先地位。为了实现这一使命,DARPA 注重进行前瞻性的关键科技研发和创新,以应对未来战争和安全挑战。该机构通过聚焦于高风险、高回报的技术领域,不断推动军事技术的发展和创新,为美国军队提供了强大的技术支持和优势,同时也在很大程度上影响着民用技术的发展和进步。其承担的科研项目通常涉及风险较高但潜在军事价值巨大的领域,一般而言,这些项目投入资金较多,且跨越不同军种或是长期跨军事部门的中、远期项目。

管理模式 DARPA 一直以其独特的项目管理方式而闻名。该机构不仅采用了扁平化的组织结构,而且在管理层面也有其独特之处。在纵向管理方面,DARPA 形成了由局长、办公室主任和项目经理构成的三级管理机构,确保了高效的决策和执行。在横向管理方面,DARPA 的组织结构也显示出高度的专业性和协同性。其职能办公室和技术项目办公室的划分,为各个领域的专业人才提供了充分的支持和资源,从而确保了项目的顺利进行和高质量的成果。为了支持 DARPA 的独特管理理念,美国国会特别授予了该机构三项特权。首先,机构拥有以具有竞争力的薪资条件从企业中雇佣有经验的项目经理的权利。这使得 DARPA 能够吸引到行业顶尖的人才,为其项目的成功实施提供了关键的保障。其次,机构可采用比传统的联邦采购法更加灵活的合同管理方法。这种灵活性使得 DARPA 能够更快地响应变化和创新,从而提高了项目的成功率。最后,机构拥有使用现金奖励的权利,从而进一步激励了项目团队的创新和卓越表现。

DARPA 的核心力量是其项目经理队伍。这支队伍由近 20 名高级技术项目经理和约 140 名技术项目经理组成,他们来自工业界、学术界、政府实验室和联邦研发中心,具备丰富的技术和管理经验。项目经理在 DARPA 具有重要的权力和责任。首先,他们享有最高授权,可以直接向 DARPA 的总顾问办公室或局长申请资金支持他们的研发项目,并有权自主决定研究经费的使用。其次,大部分项目经理采用短期合同聘用,实行轮换制度,任期一般为 3 年至 5 年,这一制度保持了 DARPA 的创新活力,激励项目经理投入更多的热情和精力。再次,项目经理们在建立协同创新环境方面发挥着重要作用。他们组织技术人员、科学家和工程师形成小型研发团队,促进了大学、企业和实验室之间的合作,建立了高效的科研群体。这种项目管理结构和人力资源特点使得 DARPA 能够保持在科技创新领域的领先地位,并有效地推动了技术的发展和应用。

DARPA 的项目选择和投资策略聚焦于满足队伍未来的潜在需求,特别侧重于高难度、需要长期投入的项目。其重点在于超前研发,即对一些新技术的研究往往领先于实际应用数十年。而 DARPA 鲜少单独支持某一项技术,更倾向于支持能够实现核心目标的技术群。为此,他们通常在项目启动阶段资助一系列不同设想的项目,随后通过严格的项目筛选制度选择最有潜力的项目进行深度培育,以提高创新成功的概率。在项目管理方面,DARPA 采用了自上而下和自下而上相结合的方式。他们通过定期与美国国防部各军事机构的会面、访问,以及参观军事演习和试验等方式,深入了解军队的需求和技术现状。然后,通过公开透明的良性竞争模式,从全社会获取解决问题的方案和创新思想。DARPA 始终向所有潜在参与者共享等价信息,并与各类政府机关、院校、研究所、企业以及智库等研究主体构建了成熟的信息沟通渠道与平台,以确保信息的公平公正。DARPA 可随时调集全社会的信息资源为自己的决策服务,决策信息的透明化促使其维护公平竞争以形成永不间断的竞争态势。

技术转移和服务方式 DARPA 既重视项目技术研发,同时又注重项目技术推广。项目经理轮换制度的主要举措是在新的工作岗位和部门持续发扬 DARPA 机构的理念、方法和技术,有利于 DARPA 成果的转化与推广。同时,DARPA 注重根据转移技术的性质来确定相应的技术转移方式。在进行元件和基础级技术转移时,DARPA 通过将资金直接注入大学和工业界等研究机构,能够有效地激发和动员更多的科研人员参与到项目中来,进而推动科技研发和创新的全面展开。至于部件和小系统级技术的转移,DARPA 在军事领域投资了 70% 的资金,并委托各军种内部的研究机构作为代理,与其他研究机构签署合同,负责管理和监督日常的技术研究。这种投资方式培养了一批专业人才,在向企业推广新技术的同时,指导如何将这些技术融入军方的采购计划,以确保技术的顺利转移。针对大型综合系统级技术的转移,通常采用样机制造的方法验证新系统的效益,并确保满足作战部门的需求,以争取国防部对该项目的投资。

3. 小结

"产业主导,官民合作型"科研机构 美国科技的高速发展,在很大程度上依赖于政府对科技政策的制定及科研机构的设置。美国科研体系的侧重点是产业界的科研机构和联邦政府所属的科研机构,主要采取官办与民办相结合,政府、大学和企业相结合的科研体系。组织构架扁平化、管理模式开放化、项目经理负责制、决策机制科学化是其科研机构的主要特点。

3.1.2 德国

1. 德国科研机构概况

作为科技领域的一支重要力量,德国在基础研究、应用研究以及科技成果转化等方面一直处于国际前沿。德国以其强大的创新能力和多层次的科研体系著称,这一体系的高效运作得益于其分工明确、统筹互补的特点。德国政府一直高度重视科研领域的发展,不断增加对科研经费的投入。据2021年的数据显示,德国联邦政府在科研领域的投入达到了1 790亿欧元,其中德国联邦教育及研究部(BMBF)是最大的资助机构,其投入金额高达1 080亿欧元。

德国的科研机构呈现出多样化的组织形式,包括企业研究机构、高等院校所属研究机构、独立非营利公立型研究机构,以及联邦或各州直属研究机构。(1)企业研究机构。企业研究机构是为了产品技术研究、开发和服务而设立的,它们的存在旨在实现企业的发展目标。在德国,中小企业为了降低研发成本、增强科技创新能力,常常会联合成立研究机构。这种合作不仅可以实现资源共享,还能够加强各企业之间的技术交流和合作,从而推动整个行业的科技进步和创新发展。德国企业对于科技创新非常重视,绝大部分的德国大型企业均开设独立的研发机构。(2)高等院校所属的研究机构是德国科研体系的重要组成部分,其规模庞大,是德国科研力量的主要来源。这些机构长期以来从事与应用研究紧密相关的基础研究,着眼于新兴领域和学科的拓展。德国的大学与产业界的合作关系和密切联系在很大程度上推动了科技创新和产业发展。政府法规鼓励大学教师成立个人公司和研究所,通过与产业界的合作,大学教师能够更好地了解市场需求和行业趋势,从而更有针对性地开展科研工作。高等院校的科研经费主要来自不同来源的资助,其中大部分来自联邦、州、企业和欧盟,尤其是企业委托项目占据了很大比例。(3)独立非营利公立型研究机构是德国科研领域的重要组成部分,包括马克斯·普朗克科学促进学会(MPG)、弗劳恩霍夫协会(FhG)、亥姆霍兹联合会(HGF)和莱布尼茨学会(WGL)等。这些机构在国家的长期战略性重点基础研究项目中发挥着主要作用,具有极高的研究自主性和学术自治性,且不受政府直接管理。其组织形式多样,包括"有限责任公司""基金会"或"注册社会团体",这使得它们在科研活动中具有较大的灵活性。通过全球范围的人才招聘,这些机构吸引了世界各地的顶尖科学家和研究人员,为德国的科技创新注入了源源不断的活力。政府的资助政策为这些机构提供了稳定的经费支持,但政府并不干预其具体的研究方向和学术交流,这保证了科研的独立性和学术自由。企业委托的科研项目也为这些机构带来了额外的资源,同时也促进了产学研合作,推动了科技成果的转化与应用。另外,与其他发达国家的非营利机构不同,德国非营利机构的税率近乎为零,享受政府特殊税收政策。(4)联邦或各州直属的研究机构主要负责基础研究、技术鉴定和科技咨询等任务。这些机构的经费来源包括财政拨款、科研计划项目、财政补助。

管理机制 德国科研机构享有更大限度的自治权,除承担国家重点项目外,它们在科研选题、人事安排和行政管理等方面均不受政府干预。(1)以人为本。德国科研机构的自治权是很重要的特点之一,这意味着政府不会干预科研机构的具体运作,而是为其提供必要的支持和资金,以保证其研究的独立性和创新性。科研机构通常由世界级的专家学者领导,他们在科研选题和人事安排上享有相当大的自主权。这种以人为本的管理理念有助于激发科研人员的研究热情和创造力。(2)动态管理。德国的科研机构实行动态管理,通过完善的聘任制度和流动机制来增强科研活力和团队稳定性。主任或所长一般是在全球范围内招聘,定期进行聘任和流动,这有助于吸引国际一流的科研人才,提升科研团队的国际化水平。(3)科研经费充足且分配灵活。德国的科研经费充足,通常这些经费来自联邦政府、各州政府和企业的资助,其中政府资助分为机构资助和项目资助两种形式,而企业研发投入则占据很大比例,但对企业的资助有一定限制,要求提供50%的配套资金。这既体现了政府对企业社会责任的要求,也保证了科研活动的独立性和公正性。

创新机制 (1)在人才培养方面,增设更多的终身教授职位,以培养年轻学者参与协同创新。终身教授不受考核或行政限制,其拥有教学与研究人员的选拔权,能够自主组建研究团队;同时,大学人员可通过项目合作方式兼任科研机构和企业职务。(2)逐步授予应用技术大学博士学位授予权,以加强人才基础建设,促进协同创新。具体措施可由不同类型大学的教授联合培养卓越的应用科技大学硕士毕业生,最终为其颁发综合性大学博士学位。(3)在组织结构方面,高校不断打破传统界限,建立新型的合作模式和伙伴关系。提出"研究型校园"计划,旨在促进校企之间的合作,推动知识转化和技术创新。高校可以建立创新集群、创新能力中心、创新技术平台、创新联盟等机制,以便更好地整合资源,促进产学研深度融合。这一趋势的出现主要是由于高校自主权的扩大,以及对战略科研合作重视程度的提高,高校越来越重视构建与企业和其他研究机构之间的新型合作关系,以推动科研成果的转化和产业的创新发展。

2. 成功经验:德国弗劳恩霍夫协会

德国的弗劳恩霍夫协会是一个非营利性科研机构,创立于1949年3月

26日,旨在通过投资研究解决市场失效领域的问题,以促进公益。这个协会总部设在慕尼黑,设有近80个研究所,聚集了近15 000名科研人员。其中一半以上的领导人员来自大学,大约40%的工作人员则是大学的高年级学生或研究生。

弗劳恩霍夫协会是为了促进新技术、新产品和新工艺的进步,并协助应对企业在创新发展过程中遇到的管理和组织挑战而设立的,主要服务于中小型企业。为实现这一目标,协会采取了多项举措:一是积极参与来自企业和政府部门的科研项目,为他们提供解决方案,从而促进现有知识和技术的应用和转化;二是为大学的硕博生提供了广阔的应用研究平台,通过这种方式培养了大批高水平的技术开发人才,为未来的科技创新注入了新的活力;三是注重开展前瞻性的研究,以确保自身在科研领域的领先地位;四是作为国际科技合作的重要组成部分,弗劳恩霍夫协会在欧盟技术项目等方面积极参与,与工业协会等机构合作,共同提供技术问题的解决方案,促进了国际间的技术交流与合作。

管理模式 弗劳恩霍夫协会的结构包括总部和下属的研究所,其管理机构包括理事会、会员大会和执行委员会,以此形成了独特的"弗朗霍夫模式"。总部的主要任务是支持和促进各研究所的发展,它通过制定规章制度、提供专利和合同审核服务等方式对各研究所产生影响,并在组织管理上行使一定的监督权。研究所肩负着制定目标、规划科研方向、管理经费、项目签订等责任,有充分的自主权,可自主决定如何开展业务、确定编制、雇佣人员。这些研究所分布在全国各大学中,由大学教授担任所长。弗劳恩霍夫协会人事管理机制非常灵活,他们对研究人员实行的是固定岗与流动岗相结合的管理方式,对研究人员实行合同雇佣制管理;此处,还鼓励科研人员流动,允许科研人员兼职,还鼓励职工离开单位开办自己的公司,遇到困难时可以在两年内返回原单位。

经费来源 弗劳恩霍夫协会在资金来源方面实行政府主导,同时吸引社会资金的模式。其经费构成主要包括以下方式:首先,约占年收入70%的资金来自企业和政府项目,其中与企业合作的产业化项目占30%,受政府委托的科研项目约占30%。其次,约占年收入30%的资金源于德国联邦政府和州政府,主要用于前瞻性的研发工作。政府的介入填补了市场的空白,推动了对于社会价值高但商业利润低的研究项目的开展为市场低效率领域的研究提供了可持续的支持。政府向研究机构提供的合同资金是为了支持基础研究,涉及高风险的前沿技术,其目标在于维护社会公共利益。

经费分配协会通过分配事业费的机制对研究所进行调控,将所分配的款项划分为四个部分:一是固定金额;二是根据规模和业绩的不同,将上一年度总预算的10%作为差异化分配;三是按照研究机构取得产业项目资金的比例,在不同范围内依据不同比例进行分配,以此调控产业项目资金的比例;四是将欧盟项目研发资金的40%用于分配,以鼓励研究机构申请相关研究项目。此外,协会对下属研究所实行动态管理机制,符合条件的研究所可及时加入协会,但对于那些在控制成本的条件上仍无法满足正常运转的机构,协会将对其采取相应措施,可能会要求其退出或宣布破产。

技术转移和服务方式　弗劳恩霍夫协会采用多种技术转移途径,包括合同科研、人才流动、公司衍生、技术授权、企业战略合作和创新集群项目。协会鼓励和支持人员的流动需求,认为这有助于增强其客户关系资源,促进技术转移,并推动协会深入开拓市场。在服务企业方面,合同科研是协会的主要方式之一。这种方式的特点是根据客户的需求,为其量身定制各种技术解决方案。合作双方在签署合同之前,会进行充分的沟通和协商,共同分析问题和目标,并商定具体的合作方式、进程和费用等细节,以此确保双方对合作内容的明确理解。通过这种方式,用户得到的是对问题高水平、高效率和经济性的系统解决方案。在研发任务完成后,委托方支付费用,弗劳恩霍夫协会立即将科研成果移交企业,马上就可应用于生产。

3. 小结

"市场驱动下的非营利主导型"科研机构　德国作为一个科技强国,其科研体系的完善和高效运作是其科技发展的重要支撑。德国的科研体系由高等院校、独立的科研机构和企业界的研发机构所构成。这些机构各司其职,分工明确,形成了一个紧密协作的科研网络。德国科研体系的研究力量配置合理,机构配备齐全。这种合理配置和充足投入使得德国的科研水平在国际上一直处于领先地位。德国实行的是一种协调型科技管理体制,特点是科学自治、市场驱动和政府宏观调控相结合,资金投入多元化、组织形式多样化、人事管理灵活化、决策机制动态化是其科研机构的主要优势。

3.1.3　日本

1. 日本科研机构概况

近年来,日本在研发经费方面一直保持着世界前列的地位,其研发经费支出占国内生产总值(GDP)比例保持在3.2%以上。据统计,2021年日本国内的研发经费总额达到了1 722亿美元,其中企业投入占比高达76.1%。

日本的科研机构主要有三类组织形式:(1)公共科研机构。这个机构的前身是由政府直属单位,即国立研究所改组而来,现已发展成为独立行政法人,具有相当高的自主性和行政管理权。每个独立组织都设立了法律框架,以满足法律法规的要求,并采用了企业化的管理模式。这种企业化的管理模式注重于高效运作和灵活应变,还在机构内部设立了专门的交叉学科团队,以鼓励科研人员跨学科进行合作研究。这些机构的资金来源多样化,主要包括政府预算拨款、竞争性项目费用、企业委托研究资金以及政府补贴。在财务方面,接受政府拨款并进行弹性的财务运作,已建立严格的财务会计制度(原则上为企业会计)。机构的领导者由理事长代替所长,在预算使用方面更加注重效益和成本控制,确保资金的合理利用和科研成果的最大化。在技术转让方面采取开放式的策略,与企业进行密切合作,促进科研成果的转化和应用。(2)大学的研究机构。日本的大学划分为私立、公立和国立等不同类型。前两种类型大学的研发组织主要属于民间研究机构,具有独立性和自主发展动力。国立大学的研究机构在制定研究方向、招收人员、管理经费等方面享有一定的决策自主权,不会受到政府过多的干预和限制。政府为国立大学的科研工作提供了稳定的财政支持,但自选课题为其提供了一部分数额的"补助金",此外还包括用于通过协商确定课题的委托研究经费。(3)民间企业的研究所。民间企业的研究所主要致力于民用技术的研发,重点是新产品的开发和生产技术的改进。这些研究所是技术创新的主要推动力量,也是日本科研的重要组成部分。在日本的研究经费中,民间企业一直占据着相当大的比重。

运行机制 在运行机制方面,为了确保科研经费的有效利用,日本的大学和研究机构需要通过申请和评审来获取经费支持,而获得经费的项目通常需要具备一定的创新性、前瞻性和科学价值。通过提高竞争性科研项目的经费占比,为创新能力强的科研机构提供更多的经费支持。同时,引入了间接经费制度,这使得科研机构在经费使用上更具灵活性。除了政府提供的主要研究经费外,各研究机构内部还采取了一系列措施来优化经费分配,这些措施包括竞争性投标和奖励先进,激发了科研人员的积极性和创新精神。由于日本的研发经费可以跨年度使用,不受会计法及国有资产法的限制,从而为科研项目的长期规划和实施提供了更大的灵活性和机动性。在改善科研条件方面,日本引入了管理费制度,允许将一部分项目经费用于管理费,以改善整个研究基地的研究环境,提高科研人员的工作效率和满意度。在组织和人事管理方面,日本实行了灵活的制度。员工被划分为两种类型,即公务员型和非公务员型。而员工的工资制度与其绩效挂钩,采取了浮动工资制度。大学校长和研究所所长由直接任命产生,而其他员工则是通过聘用关系雇用的。

人才管理 日本在科研领域拥有庞大的研究人员队伍,以民间企业为主体,占总数的57.6%;仅次于民间企业的是大学等部门,占总数36.8%;政府研究部门的比例相对较低,仅占总数的4.3%。为了培养和吸引更多的青年人才,日本政府实施了一系列引人注目的人才政策。首先,针对30岁以下的博士毕业生,政府推出了为期2～5年的培养计划。这一计划旨在培养未来的科研领域领袖,有望成为未来的诺贝尔奖获得者。政府将提供专项研究费用和工资,并向他们所在的机构提供科研补贴,以确保他们有良好的研究环境和资源支持。其次,日本政府致力于完善外国研究人员的接收体制。通过提供丰厚的科研经费和优越的科研条件,吸引了大量优秀的外籍研究人员前来日本从事科研工作。另外,日本还积极鼓励女性从事科研工作,并实施了高龄资深研究员制度以及非常勤研究员制度,为不同年龄和背景的科研人员提供更多的发展机会和选择空间。这些人才的引进过程经过严格的申请、审查和筛选,以确保他们具有优秀的研究能力和潜力。一旦通过审核,他们将享受到优厚的待遇和良好的工作环境,鼓励他们发挥出更大的科研潜能,为日本乃至全球的科技发展做出更大的贡献。除了人才培养和引进政策外,日本政府还通过灵活的人事管理机制,鼓励科研人员的自由流动和交流。这包括在企业、高校和研究机构之间的灵活转换,以及科研机构课题研究小组的开放招募政策。这种弹性的流动机制有助于激发科研人员的创造性和积极性,促进了科技研究的创新和效率提升。

评价机制 日本的研究机构评估由独立的行政法人评估委员会负责,这些委员会由各主管省和总务省设立。他们的任务是对研究机构的运作情况进行全面的监督和评估,并对独立行政法人的民营化和主要业务变更提出建议。除政府的上级部门要对研究机构进行评价和监督外,当今日本的各大学、研究所和开发机构都通过内部评价委员会进行工作评估,并邀请外部专家和第三方参与以确保评价公平客观。评估内容包括政策、课题、机构、研究员的绩效等因素,并对课题进行前期、中期和后期三个阶段的评估。

2. 成功经验:日本产业技术综合研究所(AIST)

日本产业技术综合研究所(以下简称"产综研")前身是工业技术院,是新世纪日本科技体制变革的产物。"产综研"是现今日本最大的国立研究机构,是独立行政法人,其主要负责工业科学技术的基础研究、高技术研发、地质勘察、计量标准研究以及技术指导和成果普及等工作,承担国家基础和共性产业技术的研发和扩散。

研究方向 "产综研"作为一个重要的科研机构,在日本的科技创新和新兴产业发展中扮演着关键角色。"产综研"还注重构建和拓展日本的知识基础,为未来的科技创新奠定坚实基础。其研究方向主要涵盖以下三个方面:(1)工业尖端研究,通过前沿技术探索、跨界创新和产业化转化,为新兴产业的培育和国际竞争力的提升提供了有力支撑;(2)长期产业技术政策研究,根据国家发展战略和产业政策的要求,确定未来产业技术发展的重点领域和方向,并有针对性地制定技术创新政策和支持措施;(3)致力于基础科学领域的研究,为产业技术创新提供科学支持。

灵活开放的组织结构 "产综研"的治理结构主要包括理事长、监事、顾问和参与者,其中理事长是机构的领导者。在理事长的领导下,研究机构构建了管理部门、实施部门和关联部门。研究管理部门负责管理和运营研究机构自身的事务,这包括理事长直接领导的部门、监事部门和一般管理部门。研究实施部门是负责具体科研工作的机构,包括以下研究组织:

(1)研究中心。研究中心以先导性研究为主,集中投入研究资源,致力于解决具有战略意义的,对学术界、产业界和社会产生重大影响的课题。目前"产综研"已建立了23个研究中心,涵盖微纳米技术、超临界流体、新型碳材料、生命信息科学等领域。研究中心的团队由产业界和学术界的专家及博士后等外部研究人员组成,一般由10—20名经验丰富的科学家组成,并以3—7年的时间进行高效率的研发工作。大约有一半的中心主任是从外部聘任的,中心主任负责全面管理中心的运作,采取自上而下的管理方式。

(2)研究部。其主要职责是在各个广泛领域进行探索性研究,发现新技术的发展潜力,并推进与外部需求相匹配的灵活研究,以便产生具有重要推进意义的课题。该部门按照自上而下的方式,根据研究人员的个人建议制定研究题目。中长期和基础性的研究开发任务则由22个专门的研究部门承担,包括计量标准研究部、光电技术研究部、脑神经研究部、纳米技术研究部和智能系统研究部等。这些部门内部各自拥有50—100名研究人员,并聘用外部研究人员协助开展工作。

(3)研究系。研究系是一个规模较小的部门,专注于进行试验性研究。

在日常工作中,研究系会通过与各种产业和研究机构的合作来实现其使命。其工作范围十分广泛,涵盖了从基础研究到实际应用的整个过程,通常会采取一体化、机动性的研究方法。

(4) 研究室。作为一个机动性更强的组织单元,通常由一小组富有创新力和适应性的研究人员组成。他们的工作重点在于应对各种复杂的问题,这些问题可能涉及多个学科领域的交叉,需要跨越不同专业知识的边界进行综合分析和解决。因此,研究室的成员通常具有多学科背景或跨领域的专业技能,这样才能够灵活应对各种挑战。

(5) 合作研究体。合作研究体的成立往往源于特定地区或行业的技术需求和产业发展需要。它的成立通常是由政府、产业界或学术界的共同倡议,并由相关部门提供支持和资源。合作研究体的设立旨在促进跨领域、跨行业的合作与交流,推动科技创新和产业发展。合作研究体通常会设立多个关联部门,包括计划部、产学官合作部、成果普及部、国际部等。这些部门各司其职,协同合作,共同推动"产综研"的发展。

合作制度 研究关联部门的各个组织通过制定多种积极促进研究合作开展的合作制度,其中包括受托研究、共同研究、委托研究、协作研究,除此之外,研究关联部门还通过提倡科研技术成果进行合作。这包括专利实施承诺和专利转让等方式,通过将研究成果转化为实际应用,促进产学官之间的合作关系。此外,客座研究员、博士后流动(站)以及合办大学学院等形式都是人才交流的重要载体,通过交流学术人才,促进不同机构之间的交流与合作。此外,提供技术服务也是一种常见的合作方式,通过向外部机构提供技术支持和服务,实现了产学官之间的合作共赢。

人事管理 研究管理人员及职员由理事长任命。"产综研"实行了一系列激励机制以提升研究人员的积极性。首先,科研人员任期制度能够明确他们的工作目标和责任,并在一定时间内对其进行评估和考核。其次,能力薪金制度则是根据个人的工作表现和能力水平来确定薪资待遇,以此激励科研人员不断提升自身的专业技能和工作业绩。对于成绩优异者给予重奖则是一种鼓励和肯定,能够激发科研人员的工作热情和创新意识。此外,外界专家评估制度能够为研究人员提供客观公正的评价和指导意见,帮助他们不断改进和提高研究水平。最后,加强同外部的交流与合作也是"产综研"重要的发展策略之一。研究人员的构成较为开放,由本国的研究人员和外国研究人员构成,包括长期型职员和任期型职员。通过产官学合作制度吸收了来自其他研究机构、企业以及大学的研究人员。

科研管理与评估机制　"产综研"每年预算超过 10 亿美元,主要来自于政府直接拨款和间接补贴,这一比例约占总预算的 80%。这些资金主要用于支持研究项目的开展和研究人员的人事费用,其中直接研究费和人事费的合计占总预算的 63.8%,人事费几乎与直接研究费持平,占比接近 30%。在管理下属各研究部门的运作方面,"产综研"采用了一种契约型的管理模式。在这种模式下,理事长与各部门负责人签约,其背后体现了科研项目管理的规范化和责任分工的明确化。这种管理模式赋予了各研究部门一定的科研自主权,使其能够根据自身情况和需求进行科研项目的选择和安排。但与此同时,部门的工作也受到评估范围的约束,评估结果将影响到未来的资金拨款和资源分配。

评估机制对研究人员的绩效进行了全面评估,以确保研究质量和效率。各研究部门负责实施个人评估,这种评估通常涵盖多个方面,旨在全面评价科研人员的学术水平、科研能力和团队合作精神等。评估分为短期和长期两个阶段,而科技评价则设定了 5 年的任期制,通过评价结果决定是否继续从事研究工作。

3. 小结

"灵活自主的民间主导型"科研机构　日本的科研体系是一个有机复杂的系统,且各种不同行业的研究所是其突出特征。它们独立运作,拥有自己的研究方向和项目,不受国家行政力量直接干预,具有较高的自主性和灵活性。日本的科研实力的主要来源是民间投入的科技经费、科技人力和科研设施。这些民间投入的科技资源不仅推动着科研的不断发展,也在很大程度上左右着日本科研的方向和动态。综上,组织结构灵活开放、人才管理全面化、合作制度多样化、评价制度科学化是其科研机构的主要特点。

3.2　中国台湾地区独立研发机构的成功经验及其特点

中国台湾地区工业技术研究院(以下简称"工研院")始建于 1973 年,被称为"台湾之脑",其法律性质为"财团法人"。"官办"研发机构以服务中小企业为己任,坚持公益性,积极承担社会责任。工研院的研究特点是直接面向解决实际的工业和社会问题开展研究,其在研究项目的选择和开展过程中,充分考虑了科技成果的商业化潜力和市场需求,力求将研究成果转化为实际的产品和服务。作为全台湾的研究机构,工研院不仅致力于理论研究,更注重将科研成果应用到实际生产中。为此,工研院与企业紧密合作,开展应用性研究开发,探索新技术的商业化路径和市场应用。通过与产业界的深度合作,工研院为企业提供技术转移和工业技术服务,帮助企业解决生产中的难题,提升产品质量和技术水平,通过实现规模化研究开发形成集聚效应和完整而高效的研究开发与服务体系。

中国台湾地区工研院的发展战略:一是中长期应用研究。工研院作为新型科技产业发展的关键推动力量之一,积极致力于加强前瞻性和创新性技术研发,以推动科技产业的转型升级和经济的可持续发展。二是强化产业服务。工研院主要定位于服务中小企业,主动发掘企业的技术需求,通过建立专业化的知识产权管理机制,工研院有效保护了自身科技成果的知识产权,同时也通过授权的方式将这些成果向企业开放,促进了技术转移和产业升级。除了知识产权授权,工研院还通过技术转让和各项工业技术服务,为产业和企业提供全方位的支持。为了进一步推动创新技术的应用和产业化,工研院还积极开放实验室资源,与企业合作共建创业育成中心。这些创业育成中心为创新型企业提供了必要的场地、设施和技术支持,通过实验量产以确保技术的产业化和市场化,同时也促进了创新技术的商业化和投资创业的蓬勃发展。三是推动国际化。工研院积极开展国际合作研究,帮助企业了解和获取国际科技资源,掌握国际前沿科技发展动态,把握全球科技趋势,引入国际领先的科研团队和专业人才。

中国台湾地区工研院通过立法被设立为"民办官助"的财团法人机制。依照法律台湾地方政府出资,但实行公司化运营,设立董事会、院长、监事会,并设有若干个研究所和7个服务中心。工研院的管理模式具有以下特点:

一是政府支持,政府和社会的捐助推动了工研院的创办,使其在科研领域的方向与经营方针方面具备独立性和自主性。其中主要收入包括合同研究开发(政府出资约50%)和技术服务(对民间企业的技术开发服务占41%,衍生企业的利润回馈占9%)。

二是集中引进并研究开发前瞻性和共性技术,开发成功后向产业界广泛发布技术成功开发公告,将技术通过授权、有偿的方式向企业转移扩散,并且提供技术支持和跟踪服务。工研院在技术开发方面形成了完善的技术开发流程,加快技术产业化的进程。工研院利用所掌握的核心技术与企业签订研发合同,承担研发服务,与企业合作开发新产品和新工艺。工研院通过建立衍生公司的方式,将技术把握较大、企业无力承接的项目快速转移至产业化阶段,待产业化公司走上持续发展的路径后,工研院逐渐减持股份,退出市场。

三是成立产业经济与趋势研究中心,专门判断所选择开发的技术是否与国际趋势和当地产业需求与发展方向相结合,以及判断技术产业化后成功的机会大小。为更全面地了解企业的实际需求,产业界及学界专家通常会被邀请来共同参与项目评审。工研院通过六种不同的途径来保障多样化的技术来源,为了确保科技成果转化的效率和效果,工研院非常注重前沿技术的挖掘,一般经过创新点、可行性、探索性、目标导向型等步骤。

四是成立孵化中心和投资公司,培育创新的或处于先进水平的新技术并孵化创新企业。工研院为进驻企业提供场地和部分初始投资、人力资源、技术支持、试验设备,以及企业资讯、产业安全、管理、商业咨询、法律信息、日常生活所需的服务,帮助企业从政府获得研究开发资助,获得风险投资。成功进驻企业后,一般会有部分股权捐赠作为对工研院的回报。

五是工研院致力于促进科技成果向企业转移和产业化,以推动经济发展和产业升级。为了实现这一目标,工研院建立了一套规范的知识产权管理制度,旨在在尊重知识产权的前提下,明确科技成果的归属和转移办法,为科技成果的应用和商业化提供保障。工研院的知识产权管理制度包括了对科技成果的及时申报和保护机制。

六是实行技术与人员向企业整体转移和人才流动机制。工研院作为科技成果转移和产业化的重要推动者,旨在积极促进科技成果向企业转让和推动成熟技术走向社会创办企业。在这一过程中,工研院通常会将技术和人员整体向企业转移,以确保技术能够有效地落地应用;同时,在人员转移的过程中,工研院还会不断吸纳新人才,以保持人才队伍的更新和技术的持续发展。

七是注重与高校科学园合作,发挥协同作用。工研院与企业建立产业联盟,与高校建立联合研发中心,与政府机构联合建立研发联盟。通过建立长期稳定的互惠合作关系,工研院将政府、高校、企业等联系起来,构建官、产、学、研相互合作和紧密互动的网络平台,整合创新资源。

3.3 我国(内地)新型科研机构的发展历程

为助力解决科技与经济"两张皮"的顽疾,促进科技成果转化落地,推动科研与市场融合等,新型科研机构应运而生,其形成与发展经历了漫长的过程。总体来看,我国(内地)新型科研机构产生与发展经历过摸索初创时期、形成特色时期,现已到快速发展时期。

3.3.1 摸索初创时期(1996—2005年)

在20世纪90年代至21世纪初的这一时期,新型研发机构处于探索初创阶段,数量有限且主要分布在大城市和东南沿海地区。

20世纪90年代,中国正处于产业变革和发展阶段,科学技术的重要性逐渐凸显。随着企业对技术创新的需求日益提升,产学研协同体系的不断深化,推动了科技创新体制机制的优化和升级。珠三角地区作为我国经济最为活跃的地区之一,长期以来一直是加工贸易产业的重要基地。然而,随着经济的快速发展和产业结构的调整,该地区的加工贸易行业也面临着诸多挑战和困境,如土地资源紧张、劳动力市场的供给不足等。此外,随着国内外市场竞争的加剧和政策环境的变化,一些地区经济发展也受到了内外压力的影响,面临着转型升级的挑战。特别是深圳作为改革开放的先行者,尽管经济处于繁荣水平,但受限于有限的科技教育资源,许多企业在发展过程中面临着科技支撑不足的困境。这些企业尽管有发展的愿望,但由于缺乏科技资源的支持,很难实现产业升级和二次创业。为此,深圳市政府开始大力引进高水平大学进驻深圳,全力谋划破解科技教育资源受限的现状。

1996年,深圳市政府和清华大学联合创办了深圳清华大学研究院(简称"深清院"),这是我国最早出现的新型科研机构。它有鲜明的产学研结合导向,采用企业化运作方式,实行理事会领导下的院长负责制,与同时代的科研院所管理模式完全不同。针对机构的特殊性,"深清院"提出"四不像"理论,这一理论被认为是新型研发机构最早的定义,也被认为是新型研发机构走入公众视野的开始。"深清院"作为清华大学在深圳地区的创新创业平台,从创立之初就致力于促进科技成果的转化和创业项目的孵化。随着时间的推移,"深清院"逐步壮大,不断拓展其服务领域和影响力。1999年,为了更好地支持创业项目的发展,"深清院"与社会资本合作,共同创立了力合科创集团有限公司(原深圳市清华创业投资有限公司),为创业者提供了更多的资金支持和资源对接机会。这一举措进一步完善了"深清院"的创新孵化体系,为创业项目的成长提供了更为稳固的基础。随后,"深清院"又在不断探索中实现了更多的突破和创新。2001年,它协助清华大学在深圳建立了研究生院,为深圳地区的科技人才培养提供了重要支持。同时,2002年,"深清院"成立了第一家科技园区,为科技创新企业提供了良好的发展环境和服务平台。此外,成立国际技术转移中心也进一步加强了"深清院"与国际科技创新资源的对接与合作,为深圳地区的科技创新和产业发展注入了新的活力。

2001年,北京市迎来了首家新型研发机构——北京生命科学研究所,并在2004年成功完成了第一个实验室的建设并投入使用。2005年,江苏省采取了一项新举措,即与科研院所展开合作,共同建设研究机构。这一举措的核心是依托中国科学院,建立了苏南工业技术研究院。同时,浙江省充分利用浙江大学丰富的科教资源,创办了浙江加州国际纳米技术研究院。与此同时,陕西省政府效仿"深清院"的模式,建立了陕西工业技术研究院、西北工业技术研究院等新型研发机构。

3.3.2 形成特色时期(2006—2015年)

深圳市委书记曾于2006年全国科学技术大会上提出的"4个90%"举措引起了广泛关注。这一举措不仅是对深圳市科技创新发展的战略部署,也是对深圳市政府、企业和科研机构的鼓励和引导,新型研发机构组织模式也引起了政府、高校、产业界等的重视。那次会议颁布了科技发展中长期规划纲要,为处于萌芽阶段的新型研发机构研究注入了能量。在当前全国自主创新政策的背景下,江苏省政府积极响应,将创新作为经济社会发展的核心理念。为此,江苏省启动了一项重要的举措,即重大研发机构建设推进方案。这个方案的目标不仅是简单地建立新的研发机构,更重要的是要确保这些机构能够体现国家水平,成为创新的领头羊,以推动科技创新和产业升级。与此同时,天津市政府与科技部合作,在生物医药领域开展了一系列合作项目。他们共同建立了天津国际生物医药联合研究院,致力于构建一个整合药物研发各个步骤的平台。2008年金融危机爆发后,许多企业因需求下降而面临生产能力过剩的挑战。这种过剩不仅表现在产品的数量上,还涉及产品同质化严重的问题。许多企业因此面临竞争激烈的市场环境,被迫寻找新的竞争优势和增长动力,科技创新成为一个突出选择。

随后,各地纷纷借鉴"深清院"的市场运作模式,经济发达地区率先效仿并探索培育各具特色的新型科研机构。以深圳光启、华大基因、北京生命科学研究所、江苏省产业技术研究院等为代表的新型科研机构脱颖而出,发挥了推动区域发展的积极作用。自2010年以后,我国新型研发机构数量不断增加,各类新型研发机构如雨后春笋般涌现,深圳光启高等理工研究院、美的制冷研究院等所释放的活力引起了社会各界的关注。江苏、陕西、浙江及部分东南沿海省份依托其优越的地理位置和丰富的教育资源,先后建立了多家新型研发机构,这些机构成长效果也愈加显著,为地方经济的蓬勃发展注入了新的活力。

2015年,中共中央办公厅、国务院办公厅印发《深化科技体制改革实施方案》,提出推动新型科研机构发展,形成跨界合作网络平台,鼓励社会资本参与到新型研发机构的建设和运营中,探索其非营利性发展模式。同年,广东省科学技术厅制定发布了《关于支持新型研发机构发展的试行办法》,以及《广东省科学技术厅关于申报广东省新型研发机构的通知》,其后各地相继出台新型研发机构的鼓励政策,掀起了一股建设新型研发机构的热潮。各类新型研发机构呈现"百花齐放"新业态。在这一时期内,我国多个省份纷纷探索尝试建立新型科研机构,新型研发机构的建设逐渐向内陆地区扩展。然而,大多数新型研发机构仍处于起步阶段,正积极推进建设和发展过程,但空间分布仍呈现不均匀态势。

3.3.3 快速发展时期(2016—至今)

我国新型科研机构的快速发展期出现在创新驱动发展战略提出之后。2016年中共中央、国务院印发的《国家创新驱动发展战略纲要》和《国务院关于印发"十三五"国家科技创新规划的通知》,都提出了"要发展和培育面向市场的新型研发机构"。2018年,中央在政府工作报告中首次明确新型科研机构的地位,将其正式纳入国家创新体系。2019年科技部发布的《关于促进新型研发机构发展的指导意见》再一次明确了新型科研机构的发展定位和方向,以此印证我国新型研发机构的发展已经迈入全新的阶段。2020年以来,国家相继出台了《中华人民共和国国民经济和社会发展第十四个五年规划和2035年远景目标纲要》和《企业技术创新能力提升行动方案(2022—2023年)》等政策文件,均明确支持和推动新型科研机构的建设与发展。同时,国内超过25个省份陆续推出了针对新型研发机构的管理规定和扶持政策(见表3-1),更是在人才激励、基础设施、成果转化激励上配套了优惠政策。新型科研机构很快进入到快速发展时期,各种形态的新型研发机构在全国全面铺开,成为推动科技创新和产业发展的重要力量。

表 3-1 我国各地区新型研发机构相关政策文件

地区	文件名称	发布单位	发布时间
北京	北京市支持建设世界一流新型研发机构实施办法(试行)	北京市政府	2018年1月
天津	关于加快产业技术研究院建设发展的若干意见	天津市政府办公厅	2018年8月
天津	天津市产业技术研究院认定考核管理办法	天津市科委	2018年10月
河北	关于申报新型研发机构试点培育项目的通知	河北省科学技术厅	2019年8月
河北	河北省新型研发机构建设工作指引	河北省科学技术厅	2019年10月
内蒙古	关于推进新型研发机构建设的实施意见	内蒙古自治区人民政府	2020年6月
内蒙古	内蒙古自治区新型科技研究开发机构认定办法	内蒙古新型科技研究开发机构建设领导小组	2017年11月
辽宁	辽宁省新型创新主体建设工作指引	辽宁省科技创新工作领导小组办公室	2019年5月
吉林	关于加快新型研发机构发展的实施意见	吉林省政府	2018年12月
吉林	吉林省新型研发机构认定管理办法	吉林省科学技术厅	2019年12月
上海	关于促进新型研发机构创新发展的若干规定(试行)	上海市科委	2019年4月
江苏	关于组织申报重大新型研发机构建设项目的通知	江苏省财政厅	2017年3月
江苏	关于组织认定新型研发机构建设计划项目的通知	江苏省科学技术厅	2022年5月
浙江	关于加快建设新型研发机构的若干意见	浙江省科学技术厅	2020年5月
安徽	安徽省新型研发机构认定管理与绩效评价办法(试行)	安徽省科学技术厅	2017年11月
福建	关于鼓励社会资本建设和发展新型研发机构若干措施的通知	福建省政府办公厅	2016年8月
江西	加快新型研发机构发展办法	江西省政府办公厅	2018年6月
江西	江西省新型研发机构认定管理办法	江西省科学技术厅	2019年7月
山东	山东省新型研发机构管理暂行办法	山东省科学技术厅	2019年1月

续表

地区	文件名称	发布单位	发布时间
河南	河南省重大新型研发机构应选和资助暂行办法	河南省科学技术厅 河南省财政厅	2017年10月
河南	河南省新型研发机构备案和绩效评价办法(试行)	河南省科学技术厅 河南省财政厅	2019年1月
河南	河南省扶持新型研发机构发展若干政策	河南省政府	2019年12月
湖北	湖北省新型研发机构备案管理实施方案	湖北省科学技术厅	2019年12月
湖南	湖南省新型研发机构认定管理办法(试行)	湖南省科学技术厅	2017年8月
广东	关于支持新型研发机构发展的试行办法	广东省科学技术厅	2015年6月
广东	关于新型研发机构管理的暂行办法	广东省科学技术厅	2017年6月
广西	广西新型产业技术研发机构管理办法(试行)	广西科学技术厅	2019年5月
重庆	重庆市新型研发机构培育引进实施办法	重庆市科委	2016年9月
四川	四川产业技术研究院建设方案	四川省科学技术厅	2014年2月
四川	四川省产业技术研究院备案工作指引	四川省科学技术厅	2018年9月
陕西	支持校企合作共建新型研发平台工作指引	陕西省科学技术厅	2016年12月
甘肃	甘肃省促进新型研发机构发展的指导意见(试行)	甘肃省科学技术厅	2019年9月

3.4 国内新型科研机构的发展模式

近年来,在科研体制改革不断深入的过程中,随着各地对新型科研机构培育与发展的重视,国内涌现出许多新型科研机构,这些新型机构的类型和发展模式多种多样,它们在地方区域的创新体系中扮演着日益重要的角色。当前,国内新型科研机构主要分布在产业和经济发达的东南沿海地区,这些地区集聚了大量的海内外人才,吸引了全球的创新项目,且这些地区民营经济和外资企业众多,创新发展需求迫切,为新型科研机构的萌芽和发展提供重要"土壤"。从全国范围来看,我国新型科研机构主要集中在北京市、上海市、广东省、浙江省和江苏省等地区。

3.4.1 北京市

1. 北京科研机构概况

北京是全国的政治中心、科技中心、文化中心和国际交流中心。北京作为全国的科技供给中心和科技成果孵化基地,研发力量比较强,是全国科技创新的重要枢纽之一。在北京,中央政府的研发投入所占比例较高,市场化水平相对比较低。北京的创新企业在不断升级,高端服务业、创业产业以及互联网平台发展较快,形成一批"独角兽"企业。2016年,北京全社会研发经费支出达到1 479.8亿元,北京每万人发明专利拥有量是全国平均水平的9.6倍,全国近16%的国家高新技术企业均分布在北京市,中关村国家自主创新示范区总收入实现4.57万亿元。全国"领跑"世界的技术成果中,在北京产生的技术成果占55.7%。科技创新对经济增长的贡献率超过60%。

近年来,北京成立了北京生命科学研究所、北京蛋白质组研究中心、中关村华康基因研究院等新型科研机构。这些机构的发展对经济增长和国家竞争力至关重要,它们不仅推动着新兴产业的发展,还助推着相关产业链的升级和转型。这些机构通过将科技创新和产业化紧密结合,可以加速科技成果的商业化进程,推动科技成果向市场转化,从而为经济增长提供新动力。北京地区的技术创新主要依托于北京丰富的科研高校资源,北京新型科研机构大多与体制内科研院所和高等院校合作,源头技术创新多,大型龙头研发机构也多。2012年,北京"民办官助"类新型科研机构总数达到124家,其中北京半导体照明科技促进中心、北京蛋白质组研究中心等总收入都突破200万元大关,形成了跨界经营规模,标志着北京"民办官助"类新型科研机构迎来了一段显著的发展时期。这些机构以其自主性和创新性,在促进科技创新和产业发展方面发挥了越来越重要的作用。这些新型科研机构的涌现,不仅仅是地域性的现象,它们的影响已经跨越了地域边界,形成了跨省市、跨地区、跨国界的经营格局;而在研究开发方面,这些新型科研机构表现出了极大的活力和创造力。它们着重于开发具有自主知识产权的科技成果和产品,在填补市场上的多样空白方面做出了重要贡献。截至2021年,已经累计研发了11 280余项科技成果和新产品,这不仅促进了科技创新的发展,也满足了市场对多样化、个性化产品的需求,为科技创新和市场需求的融合奠定了坚实基础。目前,北京市正在研究支持建设世界一流新型研发机构的政策措施,深化科研管理和运行机制改革,培育一批与国际接轨的新型研发机构,吸引集聚国内外顶尖创新人才及其团队。

运行机制 (1)在研究领域方面,这些机构覆盖了多个领域,其中生物医药领域占据了重要地位,其研究范围涵盖了生物技术、医药化学、生命科学等多个方面。除了生物医药领域外,科技政策研究、节能环保领域也成为北京新型科研机构中备受关注的领域。(2)在管理机制方面,一些新型科研机构选择依托于事业单位或企业,但基本上都实行理事会领导下的院、所长负责制,赋予院、所长充分的自主决策权。(3)在人才引用与培养方面,北京作为中国科技创新的重要基地,新型科研机构的崛起成为推动科技创新和人才培养的关键力量。这些机构以产学研结合为基础,致力于在科研领域探索新的路径和模式。相较于传统的科研机构,这些新型机构采用灵活的企业化运行,敢于突破束缚创新的传统体制,为科研人员提供更多的发展空间和机会。以中关村华康基因研究院为例,该机构的研究人员都具备硕士以上学历,且平均年龄不超过35岁,展现出了年轻化、专业化的特点。(4)产学研的结合已成为推动创新和产业发展的重要方式。北京的新型科研机构充分认识到了这一点,并通过与大学和企业的紧密合作,促进了知识、技术和产品的深度融合,从而推动了产业的进步和发展。他们组建了若干协同创新中心,这些中心由相关大学和企业按行业组建,旨在集合各方优势资源,共同攻克行业难题,推动技术创新和产业升级。与此同时,为了确保协同创新项目的顺利推进,这些机构还设立了专属的协同创新基金。这些基金由中心成员共同出资设立,用于支持项目的研发、技术转移和市场推广等环节。协同创新基金不仅负责项目的筛选,还能够主动匹配政府补贴,形成了政府、产业和科研机构之间的良性互动机制。

创新机制 北京新型科研机构是开展社会公益事业的执行人,表现为:(1)立足于产业共性技术,机构的科研成果往往直接服务于社会大众,为社会经济的可持续发展提供了重要支持。例如,北京临床肿瘤基因研究所的新药研发、北京市朝阳区华颂医学研究所的疾病诊断技术的提升等,提高了医疗服务的普及率和质量,直接影响着人们的健康和生活质量。(2)北京的新型科研机构扎根于民间,基层特色明显。举例来说,北京市101毛发研究院派遣专家团队到社区为有脱发问题的顾客提供免费咨询服务,帮助他们避免对脱发问题的误解和商家的误导。(3)北京新型科研机构倡导、实践产学研结合的方针,通过产学研合作机制,一方面促进科技成果的转化和应用,提升科研人才的培养和创新能力,推动产业升级和转型;另一方面有助于促进科技资源的共享和优化配置,推动科技创新的加速发展。(4)为了进一步激励团队,按照50%、35%、15%的比例分配技术转移所得收益给研发团队、基金和科研院所,同时引入再激励机制,使得团队在项目转化后能够获得额外的收益奖励,从而更加积极地参与到科技成果转化工作中,进而推动科研成果向市场转化,进一步激发科研团队的创新活力和工作热情。(5)试点"技术孵化",发展四种"技术成果+"的成果转化模式,即"合作企业""创业团队""中小微企业"和"龙头企业",这些合作不仅促进了科研成果的转化,还为科研机构和企业之间的深度合作搭建了桥梁。

2. 成功经验:北京生命科学研究所(NIBS)

北京生命科学研究所(以下简称"北生所")由科技部、北京市政府组织筹建,2005年12月正式挂牌运行,由当时美国科学院最年轻的院士王晓东博士担任所长。该机构通过推行原创基础研究,不断推动科学技术的前沿发展;还通过提供优质的科研环境和条件,培养了一大批具有国际竞争力和影响力的科研领军人才;积极引进符合中国发展需求的国际先进科研管理经验和运作模式。截至2012年5月,北京生命科学研究所选拔了一批优秀的海归人才回国工作。该研究所取得了超出预期的进展,设立了27个独立实验室和10个技术辅助中心,同时招募了近千名研究人员。全所超过25项成果被国际一流杂志录用,领先于国内其他同类机构。该基础研究机构能够成功很大程度上在于"追求国际一流、杜绝重复"的发展导向、与国际接轨的管理体制,以及政府"多支持、不干预"的管理方式。具体而言,体现在以下几个方面:

第一,确定"国际一流"的发展目标。北京生命科学研究所在建设初期就明确了自己的定位和目标,并通过严格的选拔机制和管理制度,吸引了一批优秀的科研人才加盟,为其未来的发展奠定了坚实的基础。

第二,探索"举国体制",组建理事会制度。北京生命科学研究所在建设初期与参与方共建了理事会,旨在为北生所提供保障服务,并探索适合中国国情的"举国体制"。理事会的成立标志着北生所不再是单一部门的独立研究机构,它不仅关注基础科研工作,还着眼于基础设施建设、人才培养、子女教育等多个方面。通过各部门的协作,能够更好地解决北生所在发展过程中遇到的各种问题,确保研究工作的顺利进行。

第三,北生所在经费管理上采取了特定拨款制度,这种制度的核心特点是经费支持的长期稳定性,即按照一定的标准每年为实验室提供一定金额的经费,而实验室可以包干使用,这种管理方式极大地提高了研究人员的工作效率和科研成果的产出。这种长期稳定的经费支持方式在国内尚属首次,为北生所的科研工作提供了可持续的动力和保障,也为北生所吸引尖子人才提供了有力支持。

第四,采用所长负责制度,不设等级、不固定编制。研究机构的理事会扮演着重要的角色,其职责包括任命和考核负责人,在内部管理方面不干涉,以确保科研人员的自主性和创新性。采用首席科学家负责制(PI制)执行项目,自主管理经费与研究攻关领域;同时,采用同行评审执行考核评估。

第五,实行全员合同制和年薪制度,年度考核与工资、经费无关。通常每五年对研究人员进行综合考核,这一过程由机构内部的评估机构或理事会负责安排和组织。在考核中,研究人员的科研成果、学术贡献、团队协作能力等方面都会被全面评估,而对于未能通过考核的人员,可能会面临聘用合同终止等后果。

第六,北生所引入了制度化、层次化和模块化的创新内部管理方法,坚持只有一个所长和一个副所长,没有部门主管或办公室主任等管理职位。管理者的管理模式表现在三个方面:首先,制度化管理旨在按照规则行事,减少人为因素,简化程序,并最小化冲突;其次,层次化管理是明确分工,各负其责,每个人都有权利,同时也承担相应的责任;再次,模块化管理是基于技术模块为研究人员提供技术支持而设立支持中心的目标。此外,管理侧重于研究工作并致力于解决研究人员的问题,如共同采购、科研设备共享等。

第七,提供学术咨询与指导。北京生命科学研究所成立科学指导委员会是其发展战略中的一项重要举措。这个由国际知名专家组成的机构,不仅是对该研究所科研水平的认可,也为其未来的学术发展方向提供重要参考。通过对研究成果的评价,委员会可以帮助研究所全面了解自身的科研优势和不足,有针对性地进行调整和改进,推荐具有潜力和实力的杰出人才。

第八,培育创新氛围。努力塑造以"尊重科学、远离功利"为核心的学术品格。在管理上实行平等原则,在学术上倡导自由探讨,在生活中彼此关怀。

3. 小结

"破体制的基础型主导"研发机构 北京新型科研机构具有高端人才集聚、"体制外"、机制灵活、"去行政化"等特点。北京新型科研机构组建了若干协同创新中心和高水平的研发中心,充分发挥了人才培养、科技成果高效转化的重要作用。

3.4.2 上海市

1. 上海科研机构概况

上海是我国制造业基础雄厚的经济中心,同时也是国际金融中心、贸易中心和科创中心,是在国内仅次于北京的存量科技研发资源集聚的城市。因其地处我国民营经济成长最活跃的板块,使得上海的科技研发有着应用研究得天独厚的市场空间,应用型技术的研发和转移条件优于北京。上海近几年研发资金投入总量不断加大,统计数据显示,2015年上海市用于研究与试验发展(R&D)经费支出936.14亿元(基础研究占比8.2%,应用研究占比13.7%,试验发展占比78.1%),与发达国家水平相差不大。2015年共审核了2089家高新技术企业,审批600多项成果转化项目,其中电子通讯、生物医药、新材料等新兴领域项目比例高达83.4%。从科技成果来看,2015年上海科研机构共达成各类技术合同项目22513项,成交总金额707.99亿元(技术开发和技术转让共占87%),共实现2356项科技成果。

政府科研机构 上海是科研院所比较集中的城市之一,截至2015年,有111所科研机构,R&D人员达到3.4万人。从2015年的R&D经费内部支出情况来看,经费多以试验发展为主,占比61.9%,基础研究和应用研究分别占比13.9%和24.3%。这些科研机构部分受中科院系统管理,部分归国务院管辖,另有部分隶属于地方政府。在中科院系统中,科研人员数量较少,但他们在科研经费投入方面一直占据主导地位。中科院系统承担的科研课题大多集中在上海城市发展的长期目标的前瞻性基础研究上,这需要长期的投资,而高校往往难以承担。此外,上海65%以上的科研机构都是独立开展研究的,与外部的合作仍有提升空间。近几年上海部分高校及科研机构高新技术产业的发展走股份制的道路,公开向社会发行股票,募集社会闲散资金推进高新技术产业化。

高校科研机构 截至2021年,上海的普通高等学校数量已增至76所,其中包括4所"985工程"院校和12所"211工程"大学。上海拥有的"两院院士"数量已增至近200名,国家级重点实验室也增至47个,仅次于北京。截至2015年,上海高校研究机构288个,R&D人员7533人。以基础研究和应用研究为主,其中基础研究占比43.7%,应用研究占比48.1%,试验发展占比8.2%。上海高校科研机构的R&D经费有63.9%来自政府,有31.5%来自企业。近年来,上海探索建立了"高校智库"模式,设立专员并实体化运行,打破了以院系为主的组织模式,为高校提供了更加灵活和高效的管理机制。这一举措不仅为高校的发展提供了新的思路和路径,也为国家和地方的战略发展提供了更加有力的智力支持和服务保障。通过创新思想沙龙、全球战略版图和合作组稿的方式,整合上海的优势学科资源,并建立顺畅的需求对接机制,更好地服务社会、服务国家发展战略。

企业研究机构 2015年企业研究机构用于研究与试验发展(R&D)经费支出569.31亿元,主要集中在电子及通信设备制造业、生物医药制造业、汽车制造业和成套设备制造业等领域。截至2015年末,上海科技型企业有11 989个,规模以上工业企业有R&D活动的单位有1 866家,规模以上工业企业共办738家科技机构,主要进行试验发展。上海的大多数中大型企业都设立了技术开发中心或研究机构,其中大约有40%与大学或独立研究机构合作建立技术中心。上海的大型国有企业和跨国公司比较多,从引进技术本地化发展到本地自主创新,特别是一些重大技术装备、集成制造商落户上海。国家的大飞机工程、核电工程和光科技工程都在上海落地。此外,上海引入了大批顶端企业的总部,特别在研发机构方面更为突出,截至2015年末,上海企业的科技活动支出中外商投资占比43%。以此形成了外资研发中心进军上海,民营研发机构集聚园区的局面。

2. 成功经验:上海产业技术研究院

2012年8月22日上海产业技术研究院正式成立。这一举措表明了上海市政府在当前科技快速发展的背景下对共性技术研发与服务的重视,培育和发展关键共性技术已成为推动产业升级和经济发展的重要举措。这一措施将有助于加强上海的科技创新能力,推动科技成果向产业转化,提升经济发展的质量和效益,助力上海成为国际科技创新中心。

上海产业技术研究院的使命:"为共性技术研发、成果转化和产业引领提供统筹、支撑、服务的平台"是上海产业技术研究院的使命。上海产业技术研究院的定位为"应用转化",即推动共性技术研发、科技成果转化和商业模式创新的组织者和行动载体。

上海产业技术研究院的理念:"开放创新、服务产业"。该研究院是开放的、以非营利性为目的的研发组织。这里没有围墙,向社会敞开着创新资源的大门。该机构积极鼓励来自各行各业的创新人才以及资本参与到创新之中,并倡导着智慧的分享和成果的共享。上海产业技术研究院把为产业发展提供技术引领和支撑服务作为价值取向。通过产业共性技术研发解决核心关口上的技术难题,助力产业升级;通过新型产业技术的研发和服务,发展战略性新型产业。

上海产业技术研究院的功能:首先是战略咨询,该阶段包括对业态发展态势、规划与路径分析,技术情报市场分析,行业服务咨询。其次是联合研发,该过程集结了来自产业、学术界、研究机构、应用领域和金融方面的资源,协同建设平台和项目研发。这一联合研发的方式包括依托上海产业技术研究院引入外部创新研发团队以项目方式进行合作,并在项目完成后灵活处理团队人才流动,还有通过委托合同选择其他机构协助研发。最后是成果转化,这一阶段旨在通过多样化方式推进共性技术的转移和扩散,如与用户共同创新、商业模式创新、加强科技金融合作、成立衍生公司、知识产权转让等。

3. 小结

"以企业为主体的服务导向型"科研机构 上海的科研机构以企业为主,且很多大型外资企业均在上海设立研发机构。研发服务业是上海科技资源优势转化为生产发展优势的关键,其研发外包服务业出现行业集聚现象,研发业态呈现多样化特征。

3.4.3 广东省

1. 广东科研机构概况

广东省的新型研发机构全国领先,深圳清华大学研究院的设立标志着广东省新型研发机构建设的开端。截至目前,广东省经科学技术厅认定的新型研发机构180家,数量超过全省科研机构的1/3,珠三角地区约占总数的89%,其中,广州市44家,佛山市、深圳市各30家,东莞市23家。广东省通过新型研发机构的建设,吸引了大量高水平的创新人才。截至2021年年底的统计数据显示,全省新型研发机构共有近6.7万名研发人员,引进世界一流水平的创新科研团队204个,领军人才92个,科研仪器设备原值达113.4亿元,有效发明专利11 000多件,发表国际论文7 500余篇;这些数据有效证明了新型研发机构促进了传统产业的转型升级。通过企业孵化、合作研发、技术改造以及创业投资等模式,提供超过3万家企业的转型升级需求服务,成功培育了2 000多家高新技术企业。

投资主体与建设模式 (1)"国有新制"模式。这类机构的建设主体是高校、科研院所与政府部门,是目前最主要的类型,占全部新型研发机构的74%。运行模式为事业单位性质下的企业化运行。典型机构包括深圳清华大学研究院、中国科学院深圳先进技术研究院、广东华中科技大学工业技术研究院、佛山市华南精密制造技术研究开发院等。(2)"民办官助"模式。这类机构大都是由高校、科研院所与企业共建,属于民办公益性科研机构,没有编制,采用市场化运作,自负盈亏,通过企业筹资运作加速成果转化和市场化。该类型新型科研机构数量占总量的9%,典型机构有东莞东阳光药物研究院、广东华南新药创制中心、温氏食品集团股份有限公司研究院、广东省半导体照明产业联合创新中心等。(3)"企业内生"模式。这类科研机构通常由企业内设研发部门萌芽并发展壮大,数量约占全部新型研究机构的17%。企业研究院是这类科研机构的主要存在形式,典型机构有深圳光启高等理工研究院、深圳TCL工业研究院有限公司、珠海格力节能环保制冷技术研究中心有限公司等。

政策支持 广东省委省政府先后出台了《广东省人民政府办公厅关于促进科技服务业发展的若干意见》(粤府办〔2012〕120号)、《关于全面深化科技体制改革 加快创新驱动发展的决定》(2014年6月)和《广东省科学技术厅等十部门关于支持新型研发机构发展的试行办法》(粤科产学研字〔2015〕69号)等政策文件。通过以上政策文件明确了新型科研机构的身份定位,使新型研发机构在政府项目承担、职称评审、人才引进、建设用地、投融资等方面可享受国有科研机构待遇,经省科学技术厅认定的省新型科研机构以省政府名义授牌。15个省辖市政府也结合自身实际纷纷出台政策扶持新型科研机构发展,全省上下形成了鼓励新型科研机构发展的良好政策环境。2017年6月,为规范新型科研机构的管理,促进新型研发机构的健康发展,广东省科学技术厅制定了《关于新型研发机构管理的暂行办法》。

运行机制 (1)企业化的管理机制。在管理模式上,完全按照企业化管理方式运作,充分放权给团队,在人才招聘、薪酬待遇等方面具有自主权,运用了合同制、薪酬保密制、动态绩效评估以及绩效导向的人员淘汰机制,充分调动各科研团队积极性。普遍采用理事会的治理结构,主要负责制定机构的发展战略和规划、决定重大事项、对机构的财务状况和运营情况进行监督和评估。(2)采用了市场化的激励机制,打破了传统的用人模式。选拔综合能力突出的年轻人并激发其研发壮志,培养更多的创业者和企业家,促进创业活动的蓬勃发展,为经济增长注入新动力。根据每年考核绩效决定薪资报酬及是否续聘。在薪酬方面,采用符合市场水平的薪资待遇,以吸引国内外高水平的创新人才,从而最大程度地激发科研人员在研发工作中的积极性。在激励制度方面,出台专利奖励制度,特别强调建立起内在的创新激励机制,激发研发人员寻求有竞争力、有市场的合作项目,同时实施风险共担和成果共享。(3)合作与交流。广东省积极加强引进高水平科研团队和领军人才的力度,引导他们参与各种产学研创新活动,与国际不同层次和领域的研发组织进行战略合作。多数新型研发机构计划借助外力来蓄势待发,如选择与其他研发组织进行联合攻关,以实现创新资源整合与共享。(4)促进科技成果资本化。通过"研究院+公司"模式,引进企业和社会资金孵化科研项目。以股权关系为纽带,通过使公司上市这种资本运作方式促进科技成果资本化,共同做强做大相关产业。

创新机制 (1)在创新意识上,坚持"创新是根本,创业是目标,创富是动力",创新团队的最终目标是培育新兴产业,创造社会财富,兼具科研和企业双重身份。(2)在创新机制上,研发导向与产业需求紧密结合在一起,建立了政府、产业界、学术界、科研机构和资金渠道之间紧密结合的创新机制,包括"政产学研资"创新主体、"创新与创业"模式、"研发与产业化"功能三个方面,实现了创新链、产业链和资金链的深度融合。(3)在合作模式上,充分利用政府、产业界、学术界、科研机构和资本市场构建全新合作机制,包括"政策+创新+产业基金+风险投资和私募股权"等要素。许多新型科研机构通过建立创投公司或基金、引入天使资本/风险资本等方式,吸引社会资本参与,解决科研资金短缺的问题,大幅提高了科研成果转化效率。(4)建立了融合"应用研究—技术开发—产业化应用—企业孵化"的科技创新链条,采取创新模式为"三发三带"联动模式和"科技 + 产业 + 资本 + 教育"的"四位一体"做法。在科研项目组织方式上直接对接产业需求,采用同步研发、逆向创新、交叉创新等与国际接轨的先进理念,突破了传统的科学分工和科研机构组织模式。

发展成效 (1)推动源头技术创新,力图通过技术突破裂变出多样化产业技术,进而实现技术优势领先。(2)催生新兴产业。通过源头创新到产品化的全过程,实现了新技术到新产品、新市场的粘合,催生了基因测序、生物工程等一批新兴产业发展壮大。(3)吸引并孵化了一批高端的创新团队和科技人才。凭借相关政策与优势运营特征,仅仅数年间便引入了 23 支科研创新团队,聚集了超过 6 000 名中高级创新人才;同时绝大部分新型研发机构还肩负创新人才培养的重要任务,培养了一大批具有原创精神和源头创新能力的年轻研究人员。(4)在促进海外技术引进(转移)方面,已经取得了一系列的进步。以深圳市为例,已经建立了 22 个技术转移工作站,包括深圳国际高新技术产权交易中心、深港产学研基地产业发展中心等。通过推行海外人才引进计划、举办海外技术转移论坛等活动,为新型研发机构等提供了优良的合作平台。

2. 成功经验:深圳华大基因研究院

深圳华大基因研究院(以下简称"华大基因")被视为一家非营利性组织,其本质是一家民间科研机构,致力于推动公益事业,但其完全采取企业化方式运营,以科研为盈利模式,没有事业拨款。其主要从事基因测序方面的研究及产业化,衍生了包括华大基因科技服务有限公司在内的多家企业,在生物育种、疾病预防等新兴产业领域具有主导话语权,从产业划分来讲,该机构属于生物医药行业。

管理机制 在具体的组织方式上,华大基因采取理事会领导下的院长负责制。在内部管理层面,机构的科研人员都被聘用,十分注重团队建设。他们不仅关注科研过程中的协作和分工,还着重构建全方位的团队,涵盖从基础研究到产业化再到商业推广的各个环节。此外,他们也特别重视培养科技创业人才。在华大基因完全没有传统体制的组织设置,没有固定的人员构成的固定研究室。根据不同的科研方向和任务,华大基因将科研人员迅速分组组织成研发小队。这种灵活的科研模式展示了华大基因所采用的独特研究方式。在人才评价与考核标准上,将催生新兴产业、创造社会财富作为关键考核评价指标。此外,华大基因在全球设立子公司并实行事业部制,将业务分为科技服务、健康服务、农业服务和信息服务四大块。在选定研究课题时,华大基因聚焦于具备前景应用的前沿基础研究领域,将基础研究的认知价值与应用潜力相结合,将研究成果与市场需求相结合。华大基因对商业投资采取谨慎的态度,在缺乏清晰机理支持的成果(例如转基因育种)方面,仅限于进行研究性探索,而只有那些在学术界没有争议的成果才会被考虑产业化和商业化。

人才培养与合作交流 华大基因的人才培养模式很独特,十分注重引进国内外领军人才担任领衔角色,同时通过对外培训、联合培养、在线开放课堂等方式,特别是华大基因学院的成立,培养出一批具有原创精神和源头创新能力的年轻研究人员。这种不看重学历和年龄,而是注重创新能力的方式吸引并聚集一大批青年俊杰,促使华大基因建成一支具有世界一流水平且年轻化的科研队伍。华大基因非常重视国际科技合作与交流,华大基因的合作伙伴分布在全球范围,从不同层面为基因项目提供科研支持,如国际科研领域的"中丹合作糖尿病项目""中国欧盟合作肠道微生物项目"等。

创新机制　华大基因选择科学发现与产业发展双向循环的商业模式。运用科技服务产业领域技术挑战,然后将科技成果转让给旗下企业以赚取资金收入,其中大部分资金会用于集团内部研究院的研发投入。这种策略促成了产业与科学之间的共生发展,科学实力为企业技术和产业能力的增长提供了支持。

发展成效　一是推动源头技术创新。华大基因在克隆、医疗健康、农业基因组、蛋白等领域获取了众多国际先进水平的科研成果及一系列重大奖励。二是打造产业基地以及成立产学研资联盟。为推动科技成果的转化,华大基因已在九个省市设立了研发依托组织,并与当地企业共建深圳基因产学研资联盟。三是高技术领域人才孵化重要基地。华大基因通过与国内外知名高校共建实验室和培训班等联合培养、对外培训、在线开放课堂等方式累计培养出一大批跨学科及产业创新人才。

3. 小结

"创业型"新型科研机构　广东省新型科研机构在源头创新突破、新兴产业培育、传统产业转型升级、创新人才集聚等方面的引领带动作用十分显著。虽然新型科研机构的建设模式多样,运行机制灵活多样,但都集科技创新与产业化于一体,市场导向下的企业化运作,是创新人才孵化的摇篮。建立"政策 ＋ 创新 ＋ 产业 ＋ 金融资本"的新机制,普遍建立融合科技创新链条,加速科技成果产业化发展的反哺。

3.5　经验与启示

3.5.1　发达国家和地区代表性独立研发机构的经验及启示

通过分析创新型国家和地区的代表性新型科研机构,可以发现其有以下几点共性的特点和经验:(1)坚持产业研发组织的公益性和非营利性质,保障其相对独立地运行;(2)弥补创新体系建设中高校和企业等不同创新主体的不足,形成明确和科学的发展定位;(3)重视构建扁平化的组织结构,具有充分的自主权和快速反应能力;(4)政府支持与新型科研机构对企业的服务绩效直接挂钩,实行开放和滚动管理方式;(5)坚持需求导向,紧密围绕经济社会发展需求开发和运用新技术;(6)重视技术储备,积极围绕产业发展需求开展前瞻性的技术研发;(7)高度重视人才的培养以及人才和技术的集成整体流动,形成了多样化的产业技术转移路径。

除了上述的一些共性,本书在相关文献调研的基础上,总结了部分发达国家和地区新型科研机构的主要建设经验,结果详见下表3-2。

表3-2 部分发达国家和地区新型科研机构的建设经验

国家/地区	主要经验	典型案例	特色模式
美国	(1)政府对支持的新型研发机构明确其核心定位、资助年限及金额、机构数量以及研究人员和依托机构;(2)研究团队涵盖多个学科背景,依托机构多样化,采用联合治理模式;(3)推动研发机构与企业、研究型大学、社区学院、非营利机构和实验室形成创新网络,引导公私合作领域方向并吸引更多私营企业和非财政资本;(4)对项目经理给予最大授权并实行轮换制度;(5)对资助机构和项目严格筛选,完善考核和评估,决策信息透明;(6)采用自上而下的方式提出技术需求,采用自下而上的方式发现创新思想	美国国防部先进研究项目局、制造业创新研究院、能源前沿研究中心、能源创新中心等	"产业主导,官民合作型"科研机构
德国	(1)享受政府特殊税收政策,基本是零税率;(2)以"有限责任公司""基金会"或"注册社会团体"形式出现,灵活性强;(3)自主权充分,在科研选题、人事安排和行政管理等方面均不受政府干预;(4)在组织结构方面不断突破传统界限,重视构建战略科研合作的新型公共—私人伙伴关系和合作模式;(5)为大学的硕士生和博士生提供开展应用研究的机会,培养高层次的技术开发人才;(6)人事管理机制灵活,采用合同雇佣制,固定岗与流动岗相结合;(7)通过分配事业费的机制对研究所进行调控,设置退出或破产机制;(8)多途径的技术转移方式,如合同科研、派生公司、技术许可、人才流动、与企业战略合作、创新集群项目	弗劳恩霍夫协会、马克斯·普朗克科学促进学会、亥姆霍兹联合会、莱布尼茨学会等	"市场驱动下的非营利主导型"科研机构

续表

国家/地区	主要经验	典型案例	特色模式
日本	(1)科研机构精干化且注重强化多学科融合和交叉;(2)接受政府拨款并进行弹性的财务运作,建立严格的财务会计制度;(3)在人员编制、预算使用和技术转让等各个方面都实行类似民间企业的自主运作;(4)建立竞争性的研发资金分配制度并加大竞争性科研经费的比例,引进间接经费制度;(5)实行以"人"为中心的具有弹性的"流动研究体制";(6)对下属各研究部门的运作和管理上,采取了理事长与各研究部门一对一的合同目标制管理;(7)合作制度多样化、评价制度科学化	日本产业技术综合研究所等	"灵活自主的民间主导型"科研机构
中国台湾地区	(1)积极开展国际合作研究,帮助企业了解和获取国际科技资源,加强前瞻性技术信息交流;(2)开放实验室与建立创业育成中心,成立孵化中心和投资公司,推动以创新技术为基础的投资创业和企业孵化;(3)实行公司化运营,设立董事会、院长、监事会;(4)建立规范的知识产权管理制度,将技术通过授权、有偿的方式向企业转移扩散,且提供技术支持和跟踪服务;(5)通过多种途径来保障多样化的技术来源;(6)成立产业经济与趋势研究中心,专门判断所选择开发的技术是否与国际趋势和当地产业需求与发展方向相结合;(7)注重与高校科学园合作,建立长期稳定的互惠合作关系,发挥协同作用	中国台湾地区工业技术研究院等	"服务导向的应用型"科研机构

3.5.2 我国(内地)代表性新型科研机构的经验及启示

总体上看,我国新型科研机构的建设取得了一定的成效,有以下一些共性:(1)围绕产业发展及区域创新体系建设需要赋予新型研发组织新的定位;(2)围绕提升产业自主创新能力和核心竞争力明确新型产业研发组织的任务;(3)把"开放合作"作为其基本的发展战略;(4)积极构建现代院所制度,实行理事会领导下的院、所长负责制;(5)努力围绕产业链打造创新链。

具体而言,不同地区的新型科研机构各具特色。在相关文献调研和典型案例研究的基础上,总结北京市、上海市、广东省、江苏省等发达地区的新型科研机构市场化机制的成功经验,为建立市场化机制理论基础提供参考。结果详见表3-3,其中江苏新型科研机构发展的详细介绍见下一章节。

表3-3 我国部分地区新型科研机构的建设经验

地区	主要经验	典型案例	特色模式
北京	(1) 主要依托北京丰富的科研高校资源;(2) 聚集海外顶尖科学家和创新团队,深化国内外科学家之间的创新合作,共同承担国家级科技项目;(3) 科技供给中心,通过"技术孵化"形成四种别具特色的成果转化模式;(4) 产学研用紧密结合和市场配置资源,采取独特的"协同创新中心—基金二元耦合"体制;(5) 实施项目转化前签署收益分配协议的再激励机制	北京大学创新研究院、北京生命科学研究所、北京蛋白质组研究中心、中关村华康基因研究院等	"破体制的基础型主导"科研机构
上海	(1) 外资驻华研发机构和大型企业研发机构较多;(2) 人才的柔性流动;(3) 研判国内外产业技术发展态势,提供战略咨询和研发服务;(4) 通过"与用户一起创新"以及商业模式创新等各种手段,加强科技金融合作和技术转移扩散	上海产业技术研究院、上海紫竹新兴产业技术研究院、上海交通大学先进产业技术研究院等	"以企业为主体的服务导向型"科研机构
广东	(1) 出台专项支持政策和发展管理办法,开展申报与认定工作;(2) 加大财政经费支持力度,完善科研经费管理制度;(3) "三发三带"创新模式与多学科交叉融合的集成创新特色;(4) "科研、产业、资本、教育"四位一体的运行机制,注重形成内生的创新激励机制;(5) "引才"与国际接轨,秉承"不拘一格降人才"的理念;(6) 通过"研究院+公司"模式引进企业和社会资金孵化科研项目,促进科技成果资本化	华大基因、深圳光启、中国科学院深圳先进技术研究院、清华深圳大学研究院、华南新药创制中心等	"创业型"科研机构
江苏	(1) 以政策导向型和产业导向型为主,科教优势明显;(2) 建立创新人才的激励机制,重视研发团队建设,采取市场化考核与薪酬分配制度;(3) 采用的"一品一所一公司"运作机制,注重与园区和当地企业的紧密合作;(4) 对研究所实行动态管理,实行"一所两制"、项目经理制等;(5) 建立集技术转移服务与电子商务为一体的在线技术交易平台	江苏省产业技术研究院、江苏数字信息研究院、昆山市工业技术研究院、江苏省(苏州)纳米产业技术研究院等	"园区结合型"科研机构

第四章

江苏省新型科研机构发展现状与问题研究

本章着重讨论江苏新型科研机构发展现状与存在问题。首先对新型科研机构这一新事物做了内涵与外延的界定。在此基础上,我们探讨了:(1)江苏新型科研机构发展现状的分析;(2)江苏新型科研机构形成特色与优势的分析;(3)针对江苏新型科研机构的问卷调查与问题分析统计;(4)江苏新型科研机构发展中存在的问题与成因分析。

4.1 新型科研机构的概念和内涵探析

4.1.1 概念梳理与述评

1. 概念梳理

近年来,国内许多学者都围绕着新型科研机构的概念、特点、建设模式和运行机制等内容展开研究。然而,目前对新型科研机构还没有一个统一认可的概念,因此有必要对已有学者的观点进行梳理,确定新型科研机构的内涵和目标定位。当前新型科研机构的概念众多,本节通过梳理将其分成以下五类:

(1)成果导向论。曾国屏和林菲(2014)将新型科研机构界定为创业型科研机构,以科技研发成果的应用、产业化和商业化为目的,以衍生、创造新产业或新企业为导向。王勇和王蒲生(2014)进一步将新型科研机构分为科研新型科研机构和创业新型科研机构。前者科研能力优于创业能力，在人才培养、科研论文、科研专利方面优势更明显；后者创业能力优于科研能力，在科技孵化、成果转化方面优势突出，且注重社会网络资本。张守华(2017)认为以市场为导向，集科技创新与产业化于一体是新型科研机构的显著特点。

(2) 投资主体论。李栋亮和陈宇山(2013)把新型科研机构分为民办公助、企业内生、国有新制这三种基本类型。朱建军等(2013)按照研发机构的实施主体，将新型科研机构分为政府主导、企业主导、高校主导、科研院所主导和非政府组织主导这五种模式。何慧芳和龙云凤(2014)将国内的新型科研机构建设模式划分为海外归国人才创业、建立民办非企业机构、组建创新联盟、企业研发机构和政府引导新形态这五种。赵剑冬和戴青云(2017)认为社会资本自建、传统科研机构改建和行业公共技术创新平台认定也属于新型研发机构的组建模式。周恩德和刘国新(2017)认为创新科研团队、国内知名高校院所和龙头企业是新型科研机构组建时的主要依托单位。

(3) 经营机制论。新型科研机构与传统科研机构的重要区别在于其较为灵活的体制机制和治理模式去行政化。如广东省对新型科研机构的认定办法体现了其建设模式国际化、运行机制市场化、管理制度现代化等特点。相较于传统行政事业单位，新型科研机构大部分实行理事会管理制度，拥有独立、灵活的用人权和财务权，采用企业化运作模式，具有很强的市场生命力和竞争力。此外，新型科研机构遵循市场竞争和科技创新规律，同时具有体制新颖、机制灵活、运行高效、人才富集等特点。

(4) 功能定位论。不同建设模式下的新型科研机构有着不同的功能定位。有的是为了加快产业结构调整而建立，担负着地区发展高新技术和战略新兴产业的需要，涉及国家产业布局和社会发展。该类机构的建立为产业和企业提供共性需求服务，特别为众多中小企业提供服务，产生显著经济、社会效益。有的是为了与地方产业优势紧密结合而联合科技优势资源建立，从而进一步开发研究成果并提供创新创业服务，其具有较强的孵化和衍生企业的功能。有的是为了推动产业共性技术、核心技术和关键技术创新与成果产业化而建立，多以产业联盟为主所创办，在吸纳和培养人才方面具有优势。有的则更加关注将科技金融、技术要素和商业模式结合，侧重于其技术识别和选择能力，在培育和孵化企业的过程中成为创业投资机构。

(5) 范围口径论。新型科研机构在形式上表现出多样化的特征，对其范围的界定有广义、中等口径和狭义之分。狭义上的新型科研机构仅指以企业形式存在,如福建泉州出台的新型科研机构认定管理办法。广义上的新型科研机构可以以股份制、合伙制、民办非企业、事业单位、社会团体、公司法人等形式存在,既包括传统科研机构改建,又包括企业内生机构;既包括独立法人,也包括非独立法人。而中等口径范围的新型科研机构则介于二者之间。

2. 概念述评

通过梳理已有的相关文献,可以发现当前对新型科研机构内涵的研究观点颇多,但并未做出严格界定,且其外延宽泛模糊,比较混乱,尚处于"百花齐放"的发展初期。上述的每一类别观点之间并非独立,相互之间有一定的联系,但也存在一些矛盾。首先,成果导向论侧重于科技成果的产业化,而由市场需求引发的基础研究、产业共性技术和关键核心技术的研发也至关重要,这之间更是一种双向传导关系。其次,投资主体论体现了投资主体的多元化,多数学者都赞同政府牵头协调组建,高校和科研机构联合地方政府建立是近几年国内新型科研机构的主要模式;然而在部分投资主体上也存在一些争论,有些学者认为企业内生研究机构和改建的传统科研机构也属于新型科研机构的范畴,而有些学者并未默许,这里面是否会存在一些"老酒装新瓶"的现象值得深思。再次,经营机制论的观点毋庸置疑,这是新型科研机构创新机制的内在体现,也是与传统科研机构的本质区别。但是该观点应是新型科研机构发展的必要条件,还需结合功能导向和战略定位等因素。又再次,功能定位论观点概括了新型科研机构存在的几个目标,这几个目标之间不都是割裂的,有些目标同时存在,只是侧重点有所不同。最后,范围口径论的观点没有统一,新型科研机构的形式多样,这与其多元化投资主体以及尚未存在统一的概念界定有关。广义的范围涵盖了当前学者的观点,但几乎包括了所有的单位性质,显然不合适;狭义的范围太过于局限,也未能包括现存的一部分新型科研机构。因此,新型科研机构的范围应界定于二者之间的中等口径,对其范围的准确界定有利于新型科研机构的发展和管理。

4.1.2 新型科研机构的范围界定

划分科研机构的主要依据是科研活动的分类。传统科研机构最初的设定依据是美国科学研究发展局局长万尼瓦尔·布什(Vannevar Bush)提出的二分线性法,将科研活动分为基础研究和应用研究。传统的科研机构大多存在于研究群落和商业群落中,前者主要包含了从事基础研究和应用研究的大学、公立科研院所、国家重点实验室等,而后者包含了企业实验室、独立的研发型企业、科技中介、咨询机构等,基本属于以经济利益为导向的商业组织。单纯地将科研活动拆分成基础研究和应用研究是不合适的,美国科学史家杰拉尔德·霍尔顿(Gerald Holton)在此基础上提出基础和应用结合的"杰斐逊式研究"模式,然而传统科研机构长期以来科技成果转化的低效率问题仍然存在。新型科研机构的出现将创新链中从基础性的科学研究直到产业化、创业孵化、科技金融等活动有机地紧密结合起来,促进科技成果跨越"死亡谷",它的出现在一定程度上有效地解决了传统科研机构成果转化难的困境。因此,新型科研机构的范围应在以市场为导向的基础研究和商业化产品生产之间,集基础和应用研究以及产业化为一体。新型科研机构的产生不应完全替代原有的传统科研机构,高校和政府科研院所等研究机构仍然在基础研究上发挥重要作用,而企业实验室或者独立的研发企业也仍然是最接近产品生产的研发机构。

在此基础上,本书认为新型科研机构的范围应主要包括政府主导协调多方力量建立、高校和科研院所与地方政府合建、企业及创新联盟合建、社会组织、团体或个人等社会资本建立几种方式。我们鼓励改建的传统科研机构其体制机制的创新,同时也认可企业作为创新体系的主体地位,但不能因此改变它们原本设立的初衷。特别是企业内生的研发机构由于营利性属性,要将其排除在新型科研机构的范围之外,但不排除其仍可享受相关优惠政策。我们更多倡导的是在基础研究和产业化这一区域地带的多元主体创新资源融合,鼓励传统科研机构和企业研发机构与其他主体共建形式多样的独立新型科研机构,鼓励大学、科研院所与产业界的合作,鼓励社会组织、团体或个人建立以社会资本为主的独立新型科研机构,更多体现其公益服务特性,在解决科技前沿、产业共性关键技术、产业结构升级、科研成果产业化等方面发挥重要作用。在此范围内确定的新型科研机构,政府可给予充足多样的财政支持,从而能够更好地实现资源的优化配置。

4.1.3 新型科研机构的内涵和功能界定

新型科研机构的形式多样,可以以股份制、合伙制、民办非企业、事业单位、社会团体、公司法人等形式存在。本书将新型科研机构定义为由多个投资主体组建,以市场为导向,体制新颖、机制灵活、高层次人才集聚,采用市场化运作,兼具科技创新与产业化,在前沿科技研发、产业共性关键技术、成果转化、企业孵化、公共服务和人才培养等方面发挥突出作用的独立法人科研组织。新型科研机构的研究内容属于"巴斯德象限",即由社会市场需求引发的基础研究,体现了"基础研究—应用研究—技术开发—产业化应用—企业孵化"的纵向延伸和贯通。现对上述定义进行解析,该定义有以下几个限定:(1)运行体制灵活新颖。投资主体多元化,资金来源多元化,自主经营,自负盈亏,企业化运作;(2)功能紧密结合产业化。以成果转化为导向,兼具科技研发和成果产业化两项功能;(3)市场化导向机制。以市场为导向,由市场需求引发科技研究,经费支持与绩效挂钩。

表 4-1 新型科研机构的功能分类

类型	功能定位	建设模式
政策导向型	加快结构调整和产业升级,发展高新技术和战略性新兴产业,涉及国家产业布局和社会发展	政府主导建立
产业导向型	面向产业需求、立足源头技术创新,开展基础性、关键性和共性技术研发,通过先进前沿技术引领带动行业和产业发展	高校、科研院所与地方政府合建,与企业及创新联盟合建
资源导向型	考虑地方产业优势,联合相关科技优势资源,促进成果产业化,注重人才培育	高校和科研院所与地方政府合建
服务导向型	为企业提供共性需求服务、中试工艺研发、技术研发与推广服务、质量技术检测等服务,特别为中小企业提供技术支撑服务	政府主导建立、社会资本建立、企业及创新联盟合建
成果导向型	促进科技成果转化并提供创新创业服务,注意技术创新、科技金融与商业模式的结合,在孵化和培育企业的过程中,培养创新创业人才	高校和科研院所与政府合建、与企业及创新联盟合建、建立社会资本

按照不同的功能侧重点,本书将新型科研机构分为下述五种类型(见表 4-1)。政策导向型一般为政府主导建立,服务于传统产业升级与战略性新兴产业培育,完善区域产业布局;产业导向型一般为高校、科研院所与地方政府、企业及创新联盟合建,面向市场需求,立足突破式技术创新,攻克产业核心与关键技术,引领带动产业发展;资源导向型一般为高校和科研院所与地方政府合建,结合地方产业优势,集聚相关优势创新资源以促进科技成果产业化,同时肩负人才培育功能;服务导向型有政府主导建立、社会资本建立、企业及创新联盟合建几种形式,为中小企业提供技术支撑服务;成果导向型建设主体多元,关注科技金融与商业模式的结合,重点培育、孵化科技型企

业,促进科技成果的产业化,并提供创新创业服务。从成果转化模式看,形成了"专业研究所+孵化器""研究院+基金+公司""一品一所一公司""县/高校+研究院+产业""协同创新中心—基金二元耦合"等多种创新模式。

不同类型的建设模式稍有不同,应鼓励建立多种形式的新型科研机构。科技研发和成果产业化是新型科研机构的两项最基本的功能,任何一类新型科研机构都应同时具备这两项功能,但其侧重点可有所不同。在新型科研机构的发展初期,可先以上述其中的一两个功能作为主体,建设前就明确其功能定位,待到成熟稳定后再向多功能综合发展。

4.1.4 新型科研机构与传统科研机构的区别

新型科研机构与传统科研机构的重要区别在于其较为灵活的体制机制和治理模式去行政化。相较于传统行政事业单位,新型科研机构大部分实行理事会管理制度,拥有独立、灵活的用人权和财务权,采用企业化运作模式,具有很强的市场生命力和竞争力。与传统科研机构对比,新型科研机构呈现出四个方面的特征:(1)多主体投资,兼具开放性与合作性。突破传统的单一组织边界,通常由多个主体以不同形式合作共建,集高校、科研院所、企业、科技服务中介的优势于一体,在体制上是完全不同于上述单一主体的独立新型组织。(2)功能定位多元化。以科技成果产业化与资本化为核心,兼具技术创新与服务、培育新兴产业、集聚资本与人才培养等功能,服务区域经济。(3)运营机制市场化与灵活化。采用现代管理制度与企业化运作方式,体制创新去行政化,与外界市场环境的适应性较强。(4)与传统科研机构本质不同在于它是一种产学研深度融合组织。新型科研机构本质是一种产学研深度融合模式,通过建立全新的组织形式,很好地解决了传统产学研各个主体间的合作协调与功能衔接问题。新型科研机构与传统科研机构的区别见下表4-2。

表4-2 新型科研机构与传统科研机构的差别

活动	新型科研机构	传统科研机构
投资/建设主体	主体多元,组建模式多样	投建主体主要是政府,模式单一
单位性质	事业单位、民办非企业、企业	事业单位
经费来源	多样化,有政府、企业、社会等多种渠道支持	主要依靠财政包养

续表

活动	新型科研机构	传统科研机构
研究范围及内容	以市场需求为导向开展高新技术研发,强调基础研究、应用开发与产业化相结合,集科技创新与产业化于一体	研究范围相对单一,与市场结合不紧密,主要体现其基础性、前瞻性、战略性地位
体制机制	组织扁平化,更加灵活;企业化运作,自负盈亏,不受编制的限制;具有较强的市场活力和创新动力;管理制度现代化	灵活性弱;管理制度行政化;人员编制固定,"计划"特色明显
人才队伍	高层次、国际化、专业化;知识背景丰富,既了解企业又懂研发的科技人才	专业化强、非国际化;既了解市场又懂研发的混合型人才少
绩效评价	更多以成果转化、衍生孵化企业、合同科研数量等为依据	主要以申报课题、专利数、论文发表数量为依据
功能	是集教育、科研、孵化和产业化为一体,以孵化衍生企业、产业化为导向的研究开发机构,同时兼具人才培养	主要功能为研究开发

4.2 江苏省新型科研机构的发展现状

4.2.1 江苏省创新体系基本概况

根据对江苏省科学技术厅官方网站上相关科技发展报告的分析整理,截至 2023 年末,全省共有各类科技机构 26 301 个,拥有研究与试验发展(R&D)人员 82.96 万人,其中县以上国有独立研究与开发机构 202 个(民口 180 个,其它 22 个),R&D 人员 3.03 万人,R&D 经费支出 145.32 亿元(民口 42.05 亿元,其它 103.27 亿元);高校科技机构 1 371 个,拥有 R&D 人员 7 万人;规模以上工业企业技术开发机构 28 542 个,拥有 R&D 人员 63.35 万人;设备制造业、电子通讯制造业、化学与化工制造业、机械制造业占 R&D 经费投入前四位,合计占规模以上企业 R&D 经费支出的 52.4%。

江苏省科技基础设施和基地建设较为完善,在全国位居前列。截至 2023 年底,江苏省共设立了 95 个企业重点实验室、118 个国家和省级重点实验室,以及 3 107 个国家和省级工程技术研究中心。此外,江苏省还建立了 354 个国家和省级科技公共服务平台,397个企业院士工作站,以及156个国家级高新技术特色产业基地。全省范围内,各类科技企业孵化器数量达762家,国家级科技创业载体数量达197家,在孵企业近3.2万家。

1. 科研机构主体发展现状

政府科研机构。截至2023年,江苏省共有164家县级以上政府部门所属研发机构。其中中央部门所属22家,副省级及省级所属74家(副省级9家,省级65家),地市级所属68家。政府研发机构主要涉及科学研究和技术服务业、农林牧渔业、卫生业、水利管理和生态保护业,这四类行业的科研机构数量占所有政府科研机构总数的82.6%。2023年政府科研机构的从业人员总数达到3.17万人,其中大学本科及以上学历人员占比72.2%。经费收入总额达到338.92亿元,有55.4%的经费收入来自政府拨款;经费支出总额为295.67亿元,仅有8%的经费用于科研基建支出。2023年共承担18 435项R&D课题(企业委托课题占比19.9%),发表407种科学著作和29 966篇科学论文。

高校研发机构。2023年江苏省参加科技统计的高校有168个,共有研发人员6.9万人(副教授及以上人员占比38.5%)。研发机构有822个,共有研发人员2.96万人;研究与开发经费收入共计约171亿元,来自企事业单位的委托经费收入占比38.4%。2023年共承担68 257项R&D课题(基础研究占33.6%,应用研究占43.1%,实验发展占10.3%),发表624部科学著作和103 032篇学术论文(国外发表占比56.4%),转让4 349项科技成果(68项获国家级奖项,318项获省部级奖项)。

企业研发机构。江苏一直致力于鼓励和引导企业广泛建设研发机构,将其视为汇集创新资源、转化科技成果的有效途径。截至2023年底,江苏省已有14 814家大中型科技型企业参与组建研发机构,建设率达到90%;全年认定省高新技术产品达11 832项;其中,国家级企业研发机构达156家,省级重点企业研发机构达967家,均处于国内领先位置。这些内设研发机构的科技型企业在研发经费上的内部支出已达1 034亿元,其研发机构人员总数达49万人,完成利润总额6 893.7亿元,专利申请达到72 558件,企业专利申请和授权量稳居全国第一,已成为企业转化成果和实现利润的核心动力。

民营科技企业是江苏创新型经济发展的重要支撑,中小型企业占据主体地位,企业平均从业人员106人。2023年,全省纳入统计范围内的民营科技企业超过18万家,同比增长11.8%,科技研发经费投入占当年全省R&D经费的 2/3 以上,研发人员数占从事科技活动人员总数的比例超过 50%,拥有有效专利数超过 60 万件。截至 2023 年年底,全省纳入备案范围的民营科技企业超过 6.3 万家。据相关统计,江苏省共有 89 家企业跻身"2023 中国民营企业 500 强"。这些企业的年营业收入总额均超过百亿元。在企业注册类型方面,有限责任企业占 90.35%,股份制企业占 7.33%,港、澳、台投资企业占 1.45%,外商投资企业占 0.87%。从企业所属行业领域看,机械制造和电子信息领域企业占比较高,其中机械制造领域占 28.3%,电子信息领域占 25.04%,其他领域占 10.42%,节能环保、生物医药、轻工、纺织、能源等领域占比均不超过 6%。从企业所处高新区情况看,35.3%的企业位于省级以上高新区内,64.7%的企业未进入省级以上高新区。

2. 江苏省研发投入情况

江苏省在创新资金投入方面非常大胆,其研发活动主要聚焦于江苏的"智造"领域。据相关数据显示,2023 年江苏全社会研发投入达到 4 100 亿元,较上一年度同比增长 1.4%;苏南、苏中和苏北地区的增幅分别为 11.4%、14.9%和 17.8%。同时,江苏省的科技经费投入在全国名列前茅。全社会研发投入占 GDP 比例达到了 3.2%,其中南京研发投入占比突破 3.5%,达到 3.68%,徐州、连云港、盐城为占比增长最快的地区,均比上年增长 14%。苏州、南京、无锡研发投入增长量位居全省前三位,比上年分别增长了 45.75 亿元、32.69 亿元、27.93 亿元,苏州市在增加全省研发投入总量方面的贡献高达 18.4%。

3. 科技成果

江苏省科技创新成效显著。截至 2023 年末,全省有 39 项重大成果获国家科技奖,其中国家科技进步奖达到 28 项。省科学技术奖励数为 183 项,其中一等奖 20 项,二等奖 56 项,三等奖 107 项。全年共申请专利超过 70 万件,较上一年度同比增长 1.52%,授权专利超过 44 万件,增幅为 33.12%。全省发明专利申请量为 154 608 件,比上年增长 7.42%,发明专利授权量为 10.8 万件,比上年增长 23.5%。

4. 科技队伍

截至 2023 年底,江苏省涌现出 118 位院士,其中包括 54 位科学院院士和 64 位工程院院士,数量位列全国前茅。江苏省在引进产业技术创新人才方面表现卓越。截至 2023 年末,江苏省吸引了 163 位"千人计划"创业类人才,占全国总数的 30.7%,居全国榜首。江苏"双创计划"(含"千人计划")推进了上千家人才创业企业落地,其中134家被认定为国家级高新技术企业。这些引进人才中,93%选择自主创业或为企业引进人才。他们主要活跃于新能源、新材料、生物医药、软件服务外包、物联网等新兴产业领域,是地方经济转型升级的重要力量。

5. 产业技术创新载体平台发达

江苏省在区域创新体系方面取得了显著进展。截至2023年,省级以上高新区总数达到54家,其中国家级高新区达到18家。特别值得一提的是,苏州工业园区已被纳入"世界一流高科技园区"建设试点,这标志着其在科技园区建设方面迈出了重要一步。此外,有8家国家级高新区在排名上实现了前移,凸显了这些区域在科技创新和经济发展方面的巨大潜力。另外,江苏省还拥有19家国家级创新型科技园区和创新型特色园区,这些数据在全国范围内都名列前茅,凸显了江苏省在推动科技创新和经济转型方面的重要地位和作用。此外,江苏省内国家火炬特色产业基地的数量居全国之首,且涉及多个新兴产业领域,2019年获批了我国首个以城市群为基本单位的国家自主创新示范区——苏南国家自主创新示范区,为江苏省经济结构的优化和升级提供了坚实的支撑。目前,首批3个省产业技术创新中心的建设已经启动,这将有助于加快培育产业创新的主要动力。

4.2.2 江苏省新型科研机构发展现状

江苏新型科研机构的数量规模和科研成果处在全国前列,已形成自身特色。目前,江苏正处于产业转型升级和创新型省份建设的关键时期,近些年涌现出一批面向产业技术需求且形式多样的新型科研机构,它们在科技成果产业化与传统产业升级方面的成效颇丰。根据江苏省科学技术厅(以下或简称"江苏省科技厅")数据,截至2023年年底,全省列入统计的各类新型科研机构共573家,累积研发人员达19 247人,科学仪器设备原值21.4亿元,全省列入统计的各类新型科研机构承担各类计划项目数1 127项、项目总经费达48.7亿元,提供科技服务53 081项(次),累计孵化企业达5 896家,完成科技成果转化2 098项,其规模和科研成果均居全国前列,已成为服务支撑区域科技创新发展不可或缺的重要力量。

1. 建设模式

江苏在推动新型科研机构的发展过程中,不拘泥于单一模式,采取了多种形式并存的策略,形成了百花齐放的局面。这种多元化的发展模式包括产

业技术研究院、国有新制、民办官助、上市资本化和引入外资等多种形式。具体归纳,可以有以下特点:

(1) 政府主导、落地园区,以科技成果转化为目标导向的合作模式。这种模式占绝大多数,由地方政府牵头,引导高校、科研院所、企业和其他社会力量共同参与,通过产学研重大创新资金立项。借鉴中国台湾工业技术研究院的发展模式,江苏创设了许多服务于当地园区和企业的产业技术研究院。这些研究院所普遍采取理事会领导下的院长负责制,初期根据建设项目进度、绩效考核要求来取得年度财政经费支持,在政府扶持下市场化运行,成为独立研发主体。

产业技术研究院 2010年以来,江苏省科学技术厅联合地方政府和知名企业,先后组建了10家省级产业技术研究院,重点围绕产业关键技术的攻关(见表4-3)。这10家新型科研机构建设规划总投资27.54亿元,江苏省先期拨款5600万元,引导社会性投入26.98亿元,是目前江苏成立时间最久、规模较大、发展较为稳定的新型科研机构,其中江苏省产业技术研究院为典型案例。

表4-3 江苏省级产业技术研究院

名称	成立时间	依托单位
昆山市工业技术研究院	2008	昆山市工业技术研究院有限责任公司
江苏省(丹阳)高性能合金材料研究院	2010	江苏省(丹阳)高性能合金材料研究院
江南现代工业技术研究院	2010	江南现代工业技术研究院
江苏省(扬州)数控机床研究院	2010	扬州数控机床研究院
江苏省(张家港)智能电力产业技术研究院	2010	江苏省(张家港)智能电力研究院
江苏(无锡)数字信息研究院	2011	江苏数字信息产业园发展有限公司
江苏省城市轨道交通研究设计院	2011	江苏省城市轨道交通研究设计院股份有限公司
江苏省(宜兴)环保产业技术研究院	2011	宜兴市环科园环保科技发展有限公司
江苏省(苏州)纳米产业技术研究院	2012	苏州工业园区纳米产业技术研究院有限公司

续表

名称	成立时间	依托单位
江苏省(常州)石墨烯研究院	2012	江南石墨烯研究院
江苏先进生物与化学制造协同创新中心	2012	南京工业大学
紫金山实验室	2018	东南大学和江苏未来网络创新研究院
国家第三代半导体技术创新中心(苏州)	2021	苏州工业园等
江苏省创新生物制品工程技术研究中心	2023	正大天晴

江苏省产业技术研究院 2013年12月6日江苏省人民政府批准成立了由政府主导、市场化运作的江苏省产业技术研究院(以下简称"省产研院")。省产研院以集聚创新资源、促进新兴产业发展、助力传统产业升级为目标,侧重于产业应用技术研发,旨在引领产业进步并为中小企业创新提供支持,与高校研发机构、企业研发机构形成互动关系,着力破除制约科技创新的思想障碍和制度藩篱,着力构建从基础研究、应用开发到产业化之间的桥梁纽带,促进科技研发成果的转移转化,致力于打造成为世界有影响、全国最前列的产业技术创新高地。省产研院组织结构形式为"总院+专业性研究所",截至2023年底,省产研院已拥有涵盖新材料、电子信息、节能环保等领域的96家专业性研究所和参与共建的国家超级计算无锡中心,布局建设了纳米技术、智能装备、医疗器械等多家产业技术创新中心,引进新型研发机构上百家;实现技术成果转移转化超过2 000项,累计衍生或孵化科技型企业超过400家。总院负责开展产业战略研究和重大技术集成项目的组织工作,运行经费主要来源于省财政事业费、竞争性项目经费、技术成果收益和社会捐赠,其工作主要以会员制形式扶持新加入的研发机构,对其进行动态考核管理。专业性研究所依托高校院所的国家工程技术中心(或重点实验室)及地方重点产业技术研发机构培育建设,与总院签署加盟协议后,其原有机构性质和对外法律地位等保持不变。省产研院的改革举措颇有成效,形成了"一所两制"、合同科研、团队控股、股权激励、三位一体和集萃大学等创新机制。

(2) 高校与科研院所主导的资源集聚型合作模式。江苏科教资源优势突出,高校科技人才资源丰富,该模式紧密结合高校和科研院所的优势科技资源,服务于地方产业,吸引产业资本。该模式依托于高校、科研院所的优势学科与国家实验平台,通过集聚、整合优质创新资源发展特色产业,在促进地方产业关键技术的突破与升级、重大新产品的开发和产业化、调整产业结构等方面的成效显著。如东南大学苏州医疗器械研究院依托于地处苏州高新区的江苏医疗器械科技产业园,并基于东南大学在医疗器械方面国内外高端资源、人才团队等优势,积极推动大学内可产业化的先进技术成果和国内外的前沿技术落地转化。该院已建成仿生器官与器官芯片、生物医用材料、影像及大数据、体外诊断(IVD)及检测技术四大研发中心,为当地企业提供技术创新服务,助力医疗器械产业升级,带动区域经济发展。再如由无锡惠山经济开发区与哈尔滨工业大学共同组建的哈尔滨工业大学无锡新材料研究院,通过哈尔滨工业大学的人才创新团队和专业优势,促进当地产业技术创新能力提升。该院拥有7个新材料研发中心和1个面对当地企业的公共检测平台,旨在为当地产业提供技术支持,针对产业领域核心、关键、共性技术难题开展技术攻关。此外,南京工业大学膜科学技术研究所也是此类模式,该所依托南京工业大学材料化学工程国家重点实验室、国家特种分离膜工程技术研究中心,组建了江苏膜科技产业园和江苏膜产业投资基金,为地方膜产业的培育提供资金和技术等支撑。目前,江苏膜科技产业园内已集聚膜科技企业30余家,形成了一条膜产业链。

(3)科技研发孵化与服务型合作模式。该模式立足于市场实际需求,通过孵化企业、衍生企业、服务企业等方式实现科技成果的转移与产业化。一方面,此模式围绕产业需求,依托高校、科研院所的研发成果,吸引风险资本投入,推动高校与科研院所的研发成果落地、转化与产业化;另一方面,此模式通过搭建公共技术服务平台,承载了服务中小企业的功能。如江苏省未来网络创新研究院在全球率先提出服务定制网络(SCN)体系架构,牵头建设了我国通信与信息领域首个国家重大科技基础设施——未来网络实验设施(CENI),为研究新型网络体系架构提供简单、高效的试验验证环境。江苏省未来网络研究院先后集聚了通信领域创新团队61个,创办孵化企业60家,其中培育南京独角兽企业1家、瞪羚企业1家、高新技术企业12家。采用此模式的还有北京大学分子医学南京转化研究院,该院以北京大学分子医学研究所为技术支撑,携手南京江北新区生物医药谷,打造"脑园"与"药园"双园协同驱动产学研融合,推进研发成果的标准化、定制化生产,倾力打造创新成果的转化研究平台。该院搭建的高通量动态脑成像和重大疾病创新药物研发等公共服务平台及工程化研发平台,服务于中枢神经系统(CNS)药物开发药企、神经生物学科研机构和国际大科学项目等,通过搭建成果孵化创业基地,成功孵化了"南京脑观象台"、南京超维景生物科技有限公司等创新项目。

(4)"教育+培训"的平台支撑型合作模式。如中国人民大学苏州研究院、南京大学苏州高新技术研究院、东南大学苏州研究院等都承担了大量的科技人才培养工作,同时也肩负了高校参与地方政产学研深度融合的重要使命。

2. 政策支持

江苏省政府重视新型科研机构的建设与发展工作,自 2016 年以来,相继出台了一些支持新型科研机构发展的政策文件,在全省范围内打造全力发展新型科研机构的良好政策环境(见表 4-4)。目前,江苏省政府虽未单独出台支持建设新型科研机构的专项文件,但在相关政策文件中有所体现,且专门针对江苏省产业技术研究院就出台了 3 项相关支持文件。就加大税收优惠支持力度、加强科技金融补偿、提供工商税务便利、给予人才团队特殊支持、省产研院改革发展等内容做出规定。

表 4-4 江苏支持新型科研机构建设的相关政策文件

时间	政策文件	主要内容
2015 年	关于支持省产业技术研究院人才发展体制机制改革的意见	给予人才团队特殊支持
2016 年	苏南国家自主创新示范区建设工作要点	支持建设新型科研机构
2016 年	关于加快推进产业科技创新中心和创新型省份建设的若干政策措施	在政府项目承担、职称评审、人才引进、建设用地、投融资等方面享受国有科研机构待遇;研发经费财政支持与奖励;部分税收优惠规定
2017 年	关于聚力创新深化改革打造具有国际竞争力人才发展环境的意见	引才、用才等优惠政策
2018 年	关于深化科技体制机制改革推动高质量发展若干政策	给予人才团队特殊支持、加大税收优惠支持力度、加强科技金融补偿、工商税务便利
2021 年	江苏省"十四五"科技创新规划	引导新型研发机构在应用基础研究组织模式、人才引进等方面积极探索
2022 年	关于改革完善江苏省省级财政科研经费管理的实施意见	扩大科研经费管理自主权、增强科研人员获得感、减轻科研人员事务性负担、优化财政科研经费支持方式、加强科研经费绩效考核与监督管理

续表

时间	政策文件	主要内容
2015年和2023年	江苏省关于支持产业技术研究院改革发展若干政策措施的通知[1]	推动省产业技术研究院改革发展
2023年	关于鼓励支持外商投资设立和发展研发中心的若干措施	鼓励和引导外商投资建设具有国际影响的研发中心
2024年	江苏省产业技术研究院发展促进条例	有利于新型研发机构的健康发展

4.2.3 江苏省新型科研机构已经形成的优势

1. 数量规模位居全国第一

截至2023年底,江苏省有新型科研机构573家,占全国总量的23.01%。其中苏南地区413家、苏中地区59家、苏北地区101家,覆盖全省13个地级市,研发领域集中在先进材料、能源环保、信息技术、装备制造以及生物医药等;在机构性质方面,企业占比60%,事业单位占比32%,民办非企业占比8%;全省新型科研机构累积研发人员达19 247人,其中博士占比20.84%;科学仪器设备原值21.4亿元;全省立项支持建设的新型研发机构186家,累计投入205.2亿元,其中省拨款共12.56亿元。

2. 创新成效明显增强

江苏是全国率先探索建设新型科研机构的主要区域之一,在新型科研机构建设发展及科技成果产业化方面的成效颇丰。截至2023年,全省列入统计的各类新型科研机构承担各类计划项目数1 127项、项目总经费48.7亿元;承担横向课题数3 884项、课题总经费23.9亿元;提供科技服务53 081项(次),累计孵化企业达5 896家,服务企业累计收入46.5亿元;完成科技成果转化2 098项,累计收入20.3亿元,其科研成果均居全国前列,已成为服务支撑区域科技创新发展不可或缺的重要力量。

3. 江苏特色模式凸显

首先是形成了以江苏省产业技术研究院为领头雁的雁形模式。经过几年探索,它布局建设96家专业研究所、427家企业联合创新中心、设立16支创投基金,构建产学研用融合的产业技术创新体系。

---

[1] 江苏省政府于2015年首次颁布该政策文件,支持江苏省产业技术研究院的改革发展。为了持续深化改革,江苏省政府于2023年再次颁布相关文件,同时废止了2015年颁布的政策文件。

其次是高校与科研院所共建模式。江苏科教资源优势突出,依托于高校、科研院所的优势学科、科研团队与国家实验平台,在前瞻性与基础性重大科研攻关、重大新产品的开发和产业化、发展特色产业等方面的成效显著,如紫金山实验室、南京工业大学膜科学技术研究所、北京大学长三角光电科学研究院等。

最后是"园区结合"模式。由政府主导落地园区,以创新要素向企业集聚和营造特色创新生态为抓手,建立与重点产业园区、企业共建联合创新中心、服务地方产业和推动区域产业创新集群发展的园区结合模式,如中科苏州药物研究院、江苏省未来网络创新研究院、江苏省产业技术研究院智能集成电路设计技术研究所等来推动制造产业创新集群发展。

4. 创新机制逐渐优化

江苏新型科研机构在构建研发机构治理体系、研发载体建设、人才引进培养和激励、财政资金高效使用等方面进行积极探索。创建了以"理事会+院本部+研究所"三层组织结构,开展合同科研、创新联合体、创投资金、与高校联合培养研究生等一体化的组织行为;探索了"一所两制""拨投结合"股权激励、团队控股、项目经理制、动态市场化考核、三位一体等创新治理机制;实施了"低收费长赋权""打包赋权""先试用后转让""多赋权促转化""混合赋权"等国家职务科技成果赋权的有益做法。

4.3 问卷调查与问题分析

我们以江苏新型科研机构为主要调查对象,要求问卷的填写人必须是科研机构的所长、项目负责人、研究员等,并对新型科研机构的运行有较为全面的了解,以确保问卷能够全面客观地反映新型科研机构市场化机制的创新路径。在正式发放问卷之前,我们分别选择了几家新型科研机构进行了现场访谈及问卷测试,以确定问卷的内容能够被准确理解和填写。本研究通过实地访问、电子邮件和问卷星等方式共发放问卷213份,实际收回181份问卷,剔除不合格问卷后,最终得到159份有效问卷,有效回收率达87.85%。从调查对象上看,问卷填写人是项目负责人的占28.6%,是研究员的占32.5%,是技术员的占38.9%,分布基本较为匀称。问卷调查表均采用李克特(LIKERT)5级量表来衡量,主要是从创新机制、资源获取能力、网络关系强度和创新绩效这几个方面对受访者根据新型科研机构的实际运行情况进行指标评价。此外,问卷还针对新型科研机构应承担的角色和其投资主体应包括的范围进行了调查。

4.3.1 对新型科研机构应承担角色与本质特征的调查结果分析

首先,问卷对新型科研机构应承担角色的性质进行了调查,从调查结果中可以看出(如图4-1所示):大部分被调查者认为新型科研机构应该是企业,其占比达到55%;有24%的被调查者认为新型科研机构隶属于行政机构,应该是事业单位;有21%的被调查者认为新型科研机构应该成为民办非企业。大部分被调查者认为新型科研机构应该是企业的原因,可能是很多新型科研机构都按照企业化方式运行,自负盈亏,且有充分的自主权,不会受到政府过多干预,其体制机制在很多方面都类似于企业,趋同于企业。

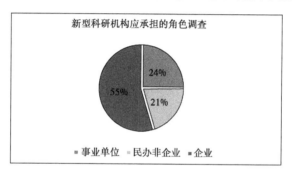

图4-1 新型科研机构应承担的角色调查结果

其次,问卷对新型科研机构的本质特征进行了调查。目前学界对新型科研机构本质的理解存在多种不同观点,最为常见的是融合观、机制观和补充观等三种主要观点。(1)融合观。新型科研机构本质上是一种产学研深度融合模式,通过建立全新的组织形式,很好地解决了传统产学研各个主体间的合作协调与功能衔接问题。(2)机制观。新型科研机构有着优于传统科研机构的机制,使得其在运行中显示出很强的竞争力和发展优势。体现了其建设模式国际化、运行机制市场化、管理制度现代化等特点。相较于传统行政事业单位,新型科研机构大部分实行理事会管理制度,拥有独立、灵活的用人权和财务权,采用企业化运作模式,具有很强的市场生命力和竞争力等。(3)补充观。补充观认为新型科研机构是对传统科研机构的补充,发展新型科研机构,有利于壮大我国科研机构规模。从调查结果中可以看出(如图4-2所示):大部分被调查者赞同机制观,比例达到67%;有21%的被调查者赞同补充观,认为如同我国多元化发展大学和医院,新型科研机构是一种补充;仅有12%被调查者认为应该是产学研深度融合观。

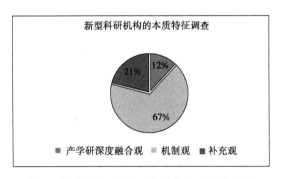

图4-2 新型科研机构本质特征的调查结果

4.3.2 对新型科研机构应包括的投资主体的调查结果分析

问卷对新型科研机构应包括的投资主体进行了调查,从调查结果中可以看出(如图4-3所示):绝大部分被调查者认为新型科研机构的投资主体应包括企业,比例达到78.57%;认为新型科研机构的投资主体应包括高等院校和传统科研院所的被调查者人数相差不多,比例分别为68.25%和65.08%;超半数以上的被调查者认为新型科研机构的投资主体应包括政府部门;除了上述提及的投资主体外,还有2名被调查者认为新型科研机构的投资主体应包括投资机构和个人,这两类投资主体在问卷中被归类为"其他"选项。可能因为"其他"选项未能列示其他可能的投资主体,因此选择的人数较少。大部分被调查者认为新型科研机构的投资主体应包括企业,可能的原因是新型科研机构的主要功能之一是将科技成果有效转化,与产业相结合,因此应加强与企业之间的联系。

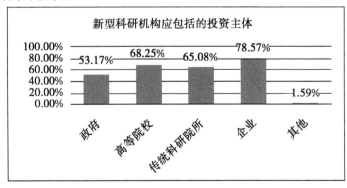

图4-3 新型科研机构应包括的投资主体调查结果

4.3.3 对新型科研机构面临的困难与运行问题的调查结果分析

首先,对新型科研机构目前发展中所面临的主要困难进行调查,从调查结果中可以看出(如图4-4所示):10%的被调查者认为新型科研机构发展面临的困难在于政策支持力度不够;16%的被调查者认为新型科研机构发展面临的困难在于缺乏资金;24%的被调查者认为新型科研机构发展面临的困难在于缺乏人才;17%的被调查者认为新型科研机构发展面临的困难在于前沿技术掌握度低;21%的被调查者认为新型科研机构发展面临的困难在于市场化程度低;12%的被调查者认为新型科研机构发展面临的困难在于成果转化难。调查结果表明,目前被调查者认为新型科研机构发展过程中存在诸多方面的困难。

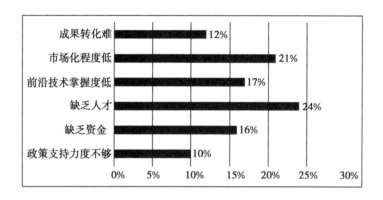

图4-4 新型科研机构发展中面临困难的调查结果

其次,对新型科研机构目前运行中现状进行调查,从调查结果中可以看出(如图4-5所示):运营问题主要是运行体制机制、成果转化率和国际化发展三个方面问题(其他问题占32%)。28%的被调查者认为新型科研机构运营中最主要问题是运行体制机制力度不够,市场化循环发展机制尚未形成,依然依赖政府推动,缺乏自主市场化运作;25%的被调查者认为新型科研机构成果转化率低,直接影响长期健康和有效生存与发展;15%的被调查者认为多数新型科研机构缺乏国际化发展视野,数量多且规模小,产业创新引领力不强。其他观点比较分散,诸如地区分布不均和创新链与产业链黏合不紧等问题。

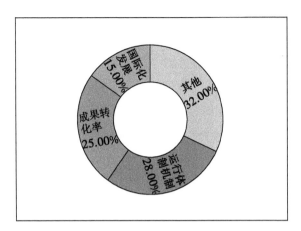

图 4-5 新型科研机构的运营问题调查结果

4.4 江苏省新型科研机构存在的问题

近年来,随着科技创新和产业发展的不断加速,江苏新型科研机构在高水平科技自立自强进程中的作用日趋凸显。江苏新型科研机构的建设规模和科研成果均居全国前列,探索发展的创新机制形成了具有区域特色的"江苏模式",然而江苏新型科研机构仍存在着诸多问题。

4.4.1 法律制度和战略布局方面问题

1. 相关法律制度仍不完善

首先,法律地位不明确,扶持政策有待完善。江苏新型科研机构仍处于探索发展阶段,运作机制的发育尚需时日,在现有管理体系中无法找到准确定位;当前江苏省虽出台了新型科研机构的认定标准,但尚未对其进行分类管理。另外,政府对江苏新型科研机构的发展缺乏具体的支持政策,虽然在一些综合性文件中对新型科研机构的扶持政策也时有体现,但由于比较分散,宣传力度不够。其次,江苏省一直以来在科技创新领域有着较高的投入和活动,然而科技金融体系的建设仍然面临着一些挑战。尤其是在支持新型科研机构向产业化方向发展时,金融支持的不足成为了制约因素之一。这些机构的研发和创新活动需要巨额的资金投入,尤其是在技术验证、产业化和市场推广等阶段。如果缺乏足够的资金支持,这些优秀的科技成果很可能难以转化为实际生产力,从而影响到科技创新的实际效果和经济的可持续发展。受制于其民办非企业的性质以及科技金融体系不完善,导致对江苏新型科研机构的融资渠道变窄,风险投资整体不足,没有与社会资本建立起多层次的融资服务。最后,政府虽然出台了针对江苏新型科研机构的发展的暂行管理办法,但尚未对其进行分类管理。当前江苏新型科研机构的发展仍需考虑是否会存在"穿新鞋走老路"的问题。江苏新型科研机构的发展不能长期依靠政府扶持,应避免其像传统科研院所般形成存量和沉淀,政府应设置退出机制。

2. 缺乏对新型科研机构顶层设计,整体性和系统性规划布局不够

一是缺乏对江苏新型科研机构的整体性、系统性规划布局。江苏新型科研机构空间分布呈现不均衡态势,较多集中在发达的苏南地区,占比高达78.6%。同时,缺乏对重点产业领域的整体统筹,致使地区间、同区域内部的新型科研机构重复建设、功能重合现象。二是发展定位不清。部分新型科研机构缺乏明确的核心功能定位与产业布局,主攻科研任务和发展预期等不清晰。三是重数量轻质量。一些地区对机构申报条件设置偏低或范畴模糊,只求数量不求质量,导致科研成果质量参差不齐。四是重建设轻管理。统一归口部门不明确,多头管理或无头管理。五是区域联动服务不足。

4.4.2 功能定位和区域规模方面问题

1. 功能重合,新兴行业集中度较高,地域差异较明显

首先,江苏各类新型科研机构主要集中在战略性新兴产业上,在功能上存在交叉情况,各类新型科研机构间的产业技术创新发展较为不平衡。据统计,生物技术和新医药产业、节能环保产业、新材料、物联网与云计算产业是江苏新型科研机构的主要领域,数量占全省新型科研机构的90%以上。其次,江苏在新型科研机构建设方面呈现出地区间的差异,苏南、苏中和苏北之间存在明显的差异,导致区域间产业技术创新发展不平衡。苏南地区作为江苏省的经济发展中心,其产业规模、技术专利产出、企业发展、创新平台建设以及人才引进等方面相对较为成熟和先进。然而,与苏南相比,苏中和苏北地区仍存在一定的发展差距和挑战。尤其在技术专利产出和高端人才聚集方面,这一差距尤为显著。

2. 规模普遍偏小,缺乏自主创新核心能力,产业技术创新水平有待提高

首先,近两年江苏涌现大量的新型科研机构还未形成规模化发展和集聚

效应,很多都处于起步探索阶段。多数新型科研机构的产业空间集聚度不高,缺乏地方产业发展规划。在技术、产业方面领先不够,缺乏战略性思维,存在自身定位的考虑欠缺和长远发展的国际化视野欠缺等问题。其次,建设地域的高度集中,使其对产业形成支撑引领作用的关键成果仅仅局限于当地,对周边地区尤其是对整个长三角地区的产业和经济发展辐射带动不够。再次,江苏新型科研机构的整体自主创新核心能力仍比较欠缺,具影响力的高水平科研机构较少,很多处于产业链层级的低端,缺乏战略思维与国际化发展视野。最后,江苏新型科研机构虽拥有自主知识产权数量不少,但具有实质性科技含量的成果还是偏少,部分关键技术与核心元件等仍从国外引进,质量有待提升。

4.4.3 人才结构和运行机制方面问题

1. 多层次人才发展机制尚不健全,人才结构不合理

首先,江苏高层次创新人才较为缺乏,人才结构不合理。江苏新型科研机构缺乏能够围绕产业发展需要开展产业技术创新的高层次人才,缺乏在一线从事技术创新的同时又懂管理的复合型创新、创业人才。其次,江苏新型科研机构对高端科研人才的吸引力不够,复合型经营人才服务体系不完善,柔性人才使用机制不健全。江苏在吸引并留住国际化人才的工作环境、政策环境和成长环境都不够理想,尚未形成包含科技、人才、产业、金融及法规等多方面内容的系统性的政策体系,承载高层次人才的平台不足。即使是现有一些吸引高层次创新人才的优惠措施,也存在宣传不够、落实不到位等问题,引才、留才和育才的配套政策有待进一步完善。最后,江苏地区缺乏企业家人才、产业核心技术开发人才以及领军型研发人才等高水平的创新人才,这对于产业发展来说是一个迫切的需求。培养这些高端人才不能仅仅依赖引进,也不能单纯依靠高校和科研院所的培养,这是一项相对困难的任务,因此江苏新型科研机构对高层次创新人才的培养能力有待于提高。

2. 运行体制机制力度不够,市场化循环发展机制尚未形成

目前江苏新型科研机构尚未形成成熟的市场化运行机制,依然较为依赖政府推动,缺乏自主市场化运作,科技创新主体间基于市场导向的协同治理态势尚未形成。江苏新型科研机构在发展过程中普遍面临着内部利益共享和协同创新机制不完善、创新成果产业化和市场化的渠道不通畅、自我"造血"机能不强等问题,制约其进一步发展。部分调研对象的成果转化率不高,

开放合作方式流于形式,缺乏深入的交流与互动。省内多数新型科研机构建立时间短,存在伪市场化运行的状况。另外,省内大多数新型科研机构的科技成果向内部企业或股东单位进行转化的多,面向社会和市场进行转化与产业化的相对少。最后,江苏部分新型科研机构与企业之间缺乏紧密的合作关系,科技成果往往不能及时满足市场需求。这些科技成果难以在市场上找到合适的应用场景和合作伙伴,导致研究成果被闲置或无法实现商业化。因此,江苏新型科研机构科研和创新服务市场供给能力有待进一步提升,市场需求潜力亦有待进一步挖掘,市场导向各项机制有待进一步健全。

3. 多数新型科研机构的市场成熟度低,自身"造血"功能不足

一是新型研发机构"造血"功能不强。部分机构的研发资金来源渠道单一,高度依赖政府补贴"输血",短期内形成多元化资金循环机制存在较大难度,尚未探索出"自我造血"式的可持续盈利模式。二是运行机制市场化程度不够。企业化运作程度低、开放创新程度不高,与市场结合不紧密,创新对产业引导带动和外溢作用有限。三是优势资源释放有限。部分新型研发机构未挖掘其母体"创新源头"的优势,普遍存在与母体科研和人才建设脱节等问题。

4.4.4 成果转化和国际化方面问题

1. 新型科研机构的成果转化率低,创新链与产业链黏合不紧

一是部分机构缺乏与地方企业、行业的深度融合,源头上没有契合产业和根植产业。二是成果转化过程中支撑条件不足。一些具有创新性的科研成果由于缺乏必要的中试生产检验和风险投资支持,无法顺利进行后续开发和产业化,且缺乏工程化开发、应用型设计和市场化推广等能力。三是基础研究、应用研究与推广服务之间,跨区域机构跨团队之间需要高效协同,部分机构缺乏信息技术人才解决跨行业的多头协调难题。

2. 多数新型科研机构缺乏国际化发展视野,产业创新引领不强

一是一家独大,分类机制太少。江苏省产业技术研究院特色明显,但也会形成一家独大和虹吸效应等局限性,因而亟须产生多家与之比肩的新型科研机构,丰富江苏模式。二是数量多和规模小。江苏新型科研机构数量快速增长成为国内第一,但多数处于初创期,未形成规模化发展,具有国际或国内影响力的研发机构少。三是引领产业高质量发展弱。一些新型科研机构迫于完成合同书的经济指标或生存压力,退化成孵化器或者成为纯粹企业。

第五章

新型科研机构成长的理论基础

本章将讨论新发展格局理论和新型科研机构的角色理论、成长机制理论。新发展格局理论提出的背景是国内经济高质量发展的要求和国际经济环境剧烈变动对国内经济的冲击,它构建以国内大循环为主体、国内国际双循环相互促进的新发展格局。新型科研机构的角色理论是协同合作与交流的创新平台,它的组织属性是非营利性组织机构,它的本质特征是产学研深度融合组织模式。新型科研机构的成长机制理论是协同创新理论、知识网络复杂论、开放系统论和分类理论等。

5.1 新发展格局理论

5.1.1 新发展格局提出的背景

新发展格局理论最早是由习近平总书记提出的。在 2020 年 4 月 10 日于北京召开的中央财经委员会第七次会议上,习近平总书记在关于《国家中长期经济社会发展战略若干重大问题》的报告中指出,国内循环的畅通性对于国家整体经济的健康发展至关重要。只有国内经济循环顺畅,才能形成强大的国内市场,这个市场将成为吸引全球资源和要素的重要引力场。这样的内部循环机制不仅有助于国内经济的稳定增长,还能更有效地利用国际资源,从而在全球经济中占据优势地位。这一理论的核心在于通过促进国内经济循环来增强国家对全球资源要素的吸引力,从而构建一个以国内大循环为主体、国内国际双循环相互促进的经济发展模式。

习近平总书记在2020年11月19日出席了在北京举行的亚太经合组织工商领导人对话会,并在会上发表了题为《构建新发展格局 实现互利共赢》的主旨演讲。在演讲中他明确表示,中国已经深度融入全球经济和国际体系。构建新发展格局的目标是建立一个开放的、相互促进的国内国际双循环体系。2021年3月5日,全国两会发布了《中华人民共和国国民经济和社会发展第十四个五年规划和2035年远景目标纲要(草案)》。该报告所提出的新发展格局实施战略是在当前全球经济环境快速变化的背景下,中国政府为适应经济发展新形势而提出的一系列重要举措。其中,坚持扩大内需是这一战略的基本立足点。内需的扩大不仅意味着居民消费和投资增加,更要求我国需加快建立起一个完整的内需体系,使得国内市场成为经济增长的主要动力之一。在实现内需扩大的过程中,供给侧结构性改革起着关键作用。供给侧结构性改革的核心是创新驱动和高质量供给,这一改革不仅关注于提高生产力和效率,更着眼于优化产业结构、提升产品质量和品牌竞争力。报告还指出,新发展格局的构建不仅是单纯扩大国内市场规模,更重要的是要实现国内国际双循环的有机结合。这意味着要在加强国内大循环的基础上,积极参与全球化进程,拓展对外开放,促进国内外市场的互动和良性循环,实现经济的高质量发展。这一格局不仅有助于提升中国经济的韧性和竞争力,还能为全球经济复苏和发展贡献力量。

习近平总书记的讲话强调中国在加强国内市场的同时,继续深化对外开放,促进国内国际市场的有机融合。这一战略不仅是中国自身发展的需要,也是应对全球经济不确定性、推动全球经济复苏的重要举措。通过这一新发展模式,中国希望能够在全球化进程中扮演更加积极和主导的角色,推动实现互利共赢的国际经济新秩序。

新发展格局的提出,旨在应对当前国内外形势的变化,确保在新的发展阶段掌握主动权。新发展格局提出的具体背景包括两个方面:第一,国内经济高质量发展的持续推进;第二,国际经济环境的剧烈变化对国内经济的冲击。这一格局的核心在于实现科技自立自强、提高供给质量和效率、持续扩大内需以及优化和提升国际大循环。在现有经济发展基础的限制下,要实现新发展格局的目标,需要从四个战略路径着手。首先是加快新型举国体制的探索,这种体制可以集中力量办大事,尤其是在科技创新和重大项目上;其次是深化供给侧结构性改革,通过提高供给体系的质量和效率,增强经济发展的内生动力;再次是通过共同富裕和新型基础设施建设,推动内需的扩大;最后是形成新的对外开放格局,继续参与全球经济竞争与合作,实现互利共赢。

5.1.2 新发展格局的主要内容

新发展格局的主要内容要义可概括为如下三点:

(1) 新发展格局的核心理念在于构建开放的国内国际双循环,而非封闭的国内循环。这一战略旨在推动国内经济循环更为宏大、顺畅,以吸引全球资源要素,不仅满足国内需求,同时提升我国产业技术水平,形成全新的参与国际经济合作和竞争的优势。国内大循环被视为这一双循环的基础,国际市场则被视为国内市场的延伸,强调了它们之间的紧密联系与统一性。我国超大规模市场优势为世界各国提供更广阔的市场空间,通过利用国内循环吸引全球商品和资源要素,为世界各国提供更广阔的市场机会,同时也将带来新的国际合作和竞争优势,推动构建开放、包容、共赢的经济全球化新格局。然而,国内循环绝不是一个封闭的、自给自足的系统,也不仅仅是一系列地方循环;相反,这需要承诺采用开放、合作的双循环模式。而加强协作开放、促进与全球经济更紧密的互动、优化国际资源配置是实现新发展格局的关键路径之一。双循环的推动需要实施更广泛、更宽领域、更深层次的对外开放战略,充分利用我国庞大市场规模的优势,促进国内外市场的互动和协同发展。

(2) 新发展格局的构建意味着在全球经济和国际体系变化的背景下,中国需要适应新的发展形势,抓住机遇,迎接挑战。科技创新被认为是推动新发展格局的核心引擎,因为它能够为经济提供新的增长动力,同时改善生产效率和产品质量。高质量发展是新发展格局的战略支点,意味着中国将更加注重经济增长的质量和可持续性,而不是单一追求发展速度。在实践中,国内国际双循环的开放形态被视为推动新发展格局的重要路径之一,通过与国际市场的互动,中国可以更好地吸收和借鉴国外先进技术和管理经验,推动经济发展。同时,构建新发展格局还需要在形态、功能和运行等方面不断完善和成熟,这需要在发展全过程和各个领域贯彻新发展理念,持续不断地进行系统性的改革和创新。

(3) 在当前全球经济环境面临巨大不确定性的情况下,扩大内需成为中国应对各种挑战的关键之举。习近平总书记指出,以扩大内需为战略基点是实现新发展格局的重要举措。特别是在全球市场萎缩的外部环境下,中国必须着眼于内部市场,通过增加国内消费和投资来维持经济增长。要实现这一目标,就需要进行供给侧结构性改革,优化和改善产品和服务的供给结构,以满足不断增长的国内需求。同时,还需要消除妨碍市场化配置的体制机制障碍,降低交易成本,促进生产要素的自由流动和商品服务的顺畅流通。为此,政府应该加强政策支持,通过激励措施和政策调整来引导和促进内需的增长。这样的努力将有助于形成需求与供给之间的动态平衡,推动经济持续稳定增长。

5.1.3 新发展格局对新型科研机构的发展要求

新发展格局的形成需要新型科研机构的有效发展来助力。习近平总书记在多个场合都强调了创新驱动发展的重要性。随着国内外形势的变化,中国必须依靠自主创新来推动经济的高质量发展。新型科研机构的有效发展对于提升自主创新能力、突破关键核心技术至关重要。这些科研机构不仅可以提供先进的研究设施和技术支持,还能够培养高素质的科研人才,推动科技成果向产业转化,进而促进产业升级和创新发展。因此,加强新型科研机构的建设和发展,成为了中国实现新发展格局的重要举措之一。要实现这一目标,需要加大对科研机构的投入,完善科研体制机制,激励科研人员的创新活力,加强科技成果的转化应用,推动科技和经济的深度融合,为实现高质量发展提供坚实的科技支撑。

加快科技自立自强是实现新发展格局的重要战略举措。科技创新作为现代化经济的核心驱动力,不仅能够促进国内大循环的顺畅发展,还能够塑造我国在国际大循环中的主动地位。要实现这一目标,首先需要强化国家战略科技力量,加大对基础研究和原始创新的投入,培育和支持一批科技领域顶尖人才和团队。同时,需要坚持问题导向,紧密结合国家经济和社会发展的实际需求,加强应用研究,将科技成果转化为生产力。此外,还要强化企业创新主体地位,鼓励企业加大对关键核心技术的攻关力度,推动产业链、供应链的优化升级,提高产业链的整体竞争力。另外,要充分发挥我国市场优势,促进新技术的产业化规模化应用,推动先进适用技术的发展和应用,实现技术从可用到好用的转变,提高我国在全球科技竞争中的地位和影响力。创新驱动发展的核心在于人才和教育。在当今知识经济时代,人才是推动创新的重要力量,而教育则是培养和涵养人才的关键环节。为了充分释放人才创新活力,需要全方位推进人才培养、引进和激励机制。这包括通过设立科研项目、提供创业支持、优化人才评价体系等方式,造就更多国际一流的科技领军人才和创新团队,培养具有国际竞争力的青年科技人才后备军。要实现创新驱动发展,建设高质量的教育体系至关重要,这不仅仅涉及学校教育,还包括终身教育的广泛开展。为此,全社会需要加大人力资本投入,提高教育资源的配置效率,注重培养具有创新和实践能力的人才,以满足科技创新和产业发展的需求。另外,加强国际科技交流与合作也是促进创新的重要途径。通过与世界各国开展科技合作,我国可以借鉴先进的科技理念和技术,促进科技能力的提升,加快科技成果的转化应用,推动产业升级和经济发展。最后,深化科技体制改革和完善产权保护制度也是促进创新的重要保障。科技体制改革可以激发科技人员的创新热情,解决技术"卡脖子"问题,推动科技成果的转化应用。同时,健全的产权保护制度可以保障科技创新成果的合法权益,促进企业间的公平竞争,提高产业链供应链的稳定性和可持续发展性。通过综合推进这些措施,可以更好地释放创新活力,推动经济持续健康发展。通过建立一个统一而开放的市场,加深要素市场化配置改革,消除要素自由流动的阻碍,畅通供需传导机制,以提升经济循环的效率。新型科研机构是一种科技新生事物,具有投资主体多元化、治理结构科学化、科研管理自主化、产学研一体化、科技成果资本化、管理制度现代化、发展机制国际化等鲜明特征,成为国家和区域创新体系中的重要组成部分。因此,新型科研机构的有效发展,可以很好助力新发展格局形成。

5.2 新型科研机构角色理论

5.2.1 新型科研机构的角色定位

1. 国家与区域科技创新体系理论

国家与区域创新系统理论是研究创新对经济影响的重要理论框架。1987年出版的《技术政策与管理绩效:日本的经验》一书的问世,标志着国家创新系统理论的正式揭晓。国家创新系统理论研究形成了以下不同理论学派:① 制度学派。该学派认为国家创新系统一方面涉及制度结构和技术实践等因素;另一方面也包括了大学和政府机构的角色,正如理查德·R.纳尔逊所提到的那样(Nelson,1987)。② 微观经济学派。该学派认为的国家创新系统理论的核心概念之一是相互学习,这一理论视角强调了技术创新的本质是一个多方参与、相互交流的过程。③国际学派。该学派提出在全球化视野下研究国家创新系统,将微观机制和宏观运行绩效相互联系。表5-1系统梳理了国内外学者对于国家创新体系(NIS)界定(郑小平,2006)。从表5-1中可以看出,无论学者从何种角度论述,国家的创新生态系统由不同机构(如大学、科技中介机构、企业、政府)发挥各自不同的作用,同时也通过相互之间的关系(如创新主体之间的相互作用)来构建。创新主体之间的相互联系形成了国家的整体创新体系。

表5-1 国家创新体系(NIS)的定义

文献来源	NIS的定义
Nelson(1987)	NIS是一个复合体制,由大学、企业以及政府等相关机构组成。这种系统的设计旨在通过合理的制度安排,在调和技术的私有化和社会化之间达成平衡和协调
Christopher(1992)	在广义的国家创新系统范围内,涵盖了国民经济体系中吸收和传播新产品以及相关的流程和框架;而在严格的国家创新体系中,只涵盖与科学技术关联的组织机构
Lundvall(1992)	NIS作为一个复杂的结构,由多种要素构成。这些要素之间协同作用,共同构建起一个网络系统,在推动新知识的生产、传播和应用方面发挥着关键作用
世界经济合作与发展组织(1997)	NIS是一个多方参与、多层次互动的网络系统,旨在促进新技术的发展和传播,推动知识、技能和新产品的创造、储备和转移
路甬祥(1998)	NIS是一个由科研机构、大学、企业和政府等构成的网络体系,终极目标是为了实现科技与社会经济的协同发展,实现科技与经济的有机融合
Asheim & Isaksen(2002)	NIS是指由不同组织支撑的区域聚集体系
孙兆刚(2006)	NIS是一种有机的支撑系统,旨在促进政府、企业、学术界之间的有效合作。它着重于制度安排和各行为主体之间的相互作用,只有各方合作、协调,才能够有效推动科技创新,促进社会经济的持续进步
钟荣丙(2008)	NIS是一个包括知识生成、技术创新、政策支持、知识产权保护、科技中介服务和创新文化环境等多个组成部分的庞大系统

区域创新系统(RIS)以中观视角研究创新对经济的影响。这一系统主体包括区域内的企业、大学、科研机构、中介服务机构和地方政府。科技中介机

构与区域创新相辅相成,在区域网络中扮演着枢纽和桥梁的角色(颜慧超,2007)。区域创新主体需要通过网络结构有机组织,以实现相互协调与联合(赵喜仓等,2009)。在区域创新体系中,各种创新主体都可能是创新的源头,它们形成了一个多元化的合作网络。科技中介机构与政府、企业、高校共同构成了创新网络的参与者,中介服务机构加深了主体之间的合作与协调(赵树宽等,2005)。区域创新体系被视为一个知识流动系统(马玉根,2007),其基本功能在于促进知识在系统内和社会范围内的合理配置。政府在其中扮演着宏观调控的角色,高校和科研院所构成了知识创造子系统,科技中介机构组成了知识传播与共享子系统,而企业则构成了知识转化与创新子系统。通过知识的流动,这些主体共同实现了价值增值和科技创新。

2. 三螺旋理论

20世纪90年代中后期开始兴起的创新结构理论是三螺旋模型,这一理论是在国家创新系统理论的基础上得以进一步拓展的。三螺旋理论最初由亨利·埃茨科威兹于1997年首次提出,该理论模型的本质及核心是研究大学、产业和政府三者间的互动关系,这也是它在创新系统理论的进一步延伸。其要旨是大学、产业、政府这三个机构既保留着自己的独特身份,又发挥着其他机构范畴的作用,形成三者螺旋联动,促进区域创新能力不断提升。区别于传统"官产学"合作方式,在三螺旋模型中,政府、大学、产业间组建的各种形式的联动机制成效卓著,政府资助的科技经费得到了有效利用,对于高校、科研单位而言,其研发出来的成果能够顺利得到商业化,对于企业来说,也可以在降低开发成本、投资风险的同时取得技术进步。

相对于传统创新模式,三螺旋理论的创新不只是最初产品的开发,也不再局限于特殊的产业范畴,而是大学、产业、政府作为相对平等的合作伙伴之间日益增加的相互作用,以及由这些合作产生的创新战略和实践方面的新发展。随着知识经济的不断发展以及各国创新的不断实践,三螺旋也成为"混成组织机制形成"——即孵化器、科技园和风险资本公司等促进创新的新组织形式的一个创造平台。

3. 新型科研机构:协同合作与交流的创新平台

当前迅速发展的新型科研机构实质上是产学研活动的载体,同时也是在三螺旋创新理论下不断演化促成的多投资主体的创新服务载体与平台(如图5-1)。

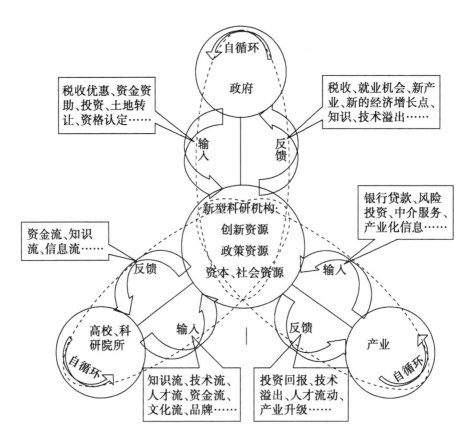

图 5-1 协同合作与交流的创新平台:新型科研机构

新型科研机构独立运行,通过集聚政府、高校、科研机构以及企业等多方优势资源,致力于共性、关键技术研究,突破技术创新。新型科研机构在国家和区域科技创新系统中为各个独立的创新主体搭建了一个协同合作的创新平台,同时其自身也作为一个新型独立的创新主体,突破传统的体制机制,凭借开放的运行机制挖掘并吸引高端人才融入,着力破解企业不会做、高校院所不愿做、政府不能做、市场需要做的瓶颈制约,开展基础研究、应用研究和产业化开发,较快地实现从源头创新到新技术、新产品、产业化的快速转换。

新型科研机构与政府、高校、科研机构和企业形成了一个创新网络联盟,新型科研机构作为该联盟的核心,在政府的支持下协调和调配该网络中的资源,以充分激发高校、科研机构和企业之间的积极性,致力搭建高科技创新产业链上多族群沟通平台,形成创新合力,最终将最前沿的创新技术成果转化,并服务于产业。新型科研机构充分整合各种创新资源进行协同创新和开放式创新,构建了从基础研究到应用研究,再到商品化和规模化生产的创新链路,形成了一个"产学研政"合作共赢的创新生态系统。新型科研机构已然成为科技发展、经济建设主战场的重要力量,有力地推动了创新驱动发展,增强了区域内生动力。

5.2.2 新型科研机构的组织属性

1. 非营利组织理论

非营利组织与福利国家、公共管理危机、政府改革、治理理念等紧密相连。在现代社会,政府的效能可能受到限制,市场机制也存在着失灵的可能性。在这样的背景下,非营利组织作为一种社会性实体,扮演着弥补政府和市场缺失的重要角色。除此之外,非营利组织更是一种为社会解决各种难题的尝试性渠道。学者们对非营利组织的作用进行了深入探讨,将其视为政府和企业之间的"缝隙填补者",以灵活多样的方式满足不同社会群体对公共物品的需求。这些研究形成了几种理论:① 市场失灵/政府失灵理论认为,由于公共物品的特性导致市场提供不足(市场失灵)和政府无法满足多样化需求(政府失灵),非营利组织填补了这一缺口。② 合约失灵理论指出,信息不对称导致合约难以监督,非营利组织则受到不谋利益的约束,能够有效提供服务。③ 第三方管理理论认为,政府和非营利组织互补,政府通过非营利组织实现福利提供,并减少政府规模。④ 传统文化因素理论指出,文化多样性导致人们产生特殊需求,非营利组织应运而生以满足这些需求。

2. 新型科研机构的组织属性:非营利组织

一些创新型国家和地区的经验表明,新型科研机构的科学定位多是非营利公益性机构,这样可避免其陷入国有企业和政府组织易出现的僵化、低效窘境,又能防止一味追求自身利益最大化。从本质角色而言,新型科研机构是非营利组织。由于共性技术和关键技术具有基础性、外部性和长期性等特点,且技术创新的溢出效应和研发活动具有高成本、高风险的特征,使得部分企业创新动力不足,特别是中小企业;而传统国有型科研机构的研发成果转化率较低,很难解决科技和经济"两张皮"的问题。在政府失灵和市场失灵情况下,非营利性新型科研机构不直接从事市场化的产品生产和销售,而是面向市场提供产业共性关键技术研发、成果转化等专业化服务,其成果具有一定的公益性,弥补了市场失灵与政府失灵的双重缺陷,"拾遗补漏"地满足社会对公共服务的需求。"非营利性、非政府性、社会公益性"构成新型科研机构的基本属性。非营利性新型科研机构不受政府直接管辖,在决策机制上不依赖于政府,组织上独立于政府,通过提供科技服务形成特殊类型的公益产权。

当非营利性新型科研机构因其自身资源缺乏,产生市场失灵时,政府的传统科研院所和高等院校作为知识资源的供给方可以视为衍生性补充。由于政府行政活动必须符合一定程序,常因为政治压力和妥协而缺少服务动力,非营利性新型科研机构基于利他动机提供科技创新,能够灵活满足多样化服务需求,修正政府行政官僚化。非营利性新型科研机构承担着政府机构难以处理的长期、复杂且具有多重性质的研发任务,利用更高效率和更优秀的人力资源来完成这些任务,这些任务往往无法由其他机构有效地完成。非营利性新型科研机构与政府机构具有各自特点的互补性,为双方合作提供了动力。与此同时,政府出于成本考虑与非营利性新型科研机构建立合作关系,能够保持政府规模的较小化,并有效地提供社会福利。因此,这些新型科研机构本质上属于非营利组织。

5.2.3 新型科研机构的本质特征

关于学者对新型科研机构本质的理解存在机制观、补充观和融合观等三种不同观点的争议(见前述),我们认为融合观最为妥帖。之所以这样认为,是因为新型科研机构本质上是一种产学研深度融合的模式,通过建立全新的组织形式,很好地解决了传统产学研各个主体间的合作协调与功能衔接问题。

当前世界范围的科技革命正处于迎头赶上的状态,科技创新和产业变革正以前所未有的速度重塑着全球创业格局,并深刻影响着全球经济的结构。然而,我国传统科研机构由于路径依赖与历史因素的惯性,与高校和企业的融合仍然存在阻力,各地产学研合作整体上面临创新效能不足、成果转化率不高、企业参与度不深、政府协调不足等问题,而导致该问题的根源之一在于体制机制的差异。高校、科研院所和企业处于不同的体制环境下,其内部的激励机制、管理方式、资源分配等方面存在着较大的差异。这种差异可能导致各方在合作中产生摩擦和障碍,使得深度融合难以实现。此外,文化取向也是一个重要因素。不同的组织文化会影响到其对外部合作的态度和方式。这需要政府的积极引导和协调,促进产学研之间的深度互动与合作。因此,新型科研机构就是在这种背景下产生的一种新的产学研深度融合的组织体系,来满足创新主体及支持机构长期稳定的合作关系。

Etzkowitz 和 Leydesdorff(1998)提出三螺旋创新理论,描述了政府、大学和产业之间相互依存的互动关系。该理论认为产学研的各主体间相互影响,共同推动技术创新,至今被认为是产学研领域的经典理论并被广泛应用于我国实践。然而,目前我国的产学研实践仍然存在科技成果转化率低、技术创新不足等诸多问题。需要对三螺旋理论进一步地改进与创新:

(1) 同一组织下创新联合体的协同效应。产学研协同创新不只是技术提供方(如大学和传统科研院所)向技术需求方(企业)的创新技术转移关系,而是需要各个主体共同建立协同创新平台与机制,企业家与科学家交互,需要在同一个组织下进行交流与合作,形成协同效应(洪银兴,2014)。

(2) 同一组织下创新联合体的融合效应。科技创新过程包括知识创新、技术创新与产业创新三个环节,大学、传统科研院所和企业产学研各主体需各司其职与分工。然而,"环节分工观"有待突破,产学研合作各方需要越界,其创新活动彼此延伸与交融,在同一个组织下建立"基础研究+技术攻关+成果产业化+科技金融+人才培养"的全过程创新链,形成融合效应。

(3) 同一组织下创新联合体的利益效应。三螺旋理论隐含着一个基本假设,就是不考虑产学研各主体的收益分配公允问题。在现实情况下,产学研各主体相互分工和共同推进技术创新的过程中存在着责权利对等、收益分配公允等问题。因此,在同一组织的创新联合体下,建立成果共享与风险共担的合作机制,形成各合作主体之间多层次、多形态、多重互动的利益效应。

由此可见,同一组织体下的创新联合体的出现,可以有效保障产学研的三种效应得以实现,而新型科研机构则是这种同一组织体下的创新联合体的有益尝试,其本质是一种产学研深度融合的模式。

黄广鹏、章芬等国内学者分别从新型科研机构的产学研协同效应和"三主体"合作模式方面对融合观作出了论证。如黄广鹏等(2020)从新型科研机构的多元主体合作投资、多种创新资源融合、创新功能协同等方面,阐述了新型科研机构可以促进"产—学—研"三个主体间的协同发展;章芬等(2021)认为新型科研机构通过体制机制创新促进产学研深度融合。而本书从新型科研机构的产学研本质、同一组织下的"三主体"融合、同一组织下协同效应的质变等方面对融合观作出了全面系统论述,进一步揭示了新型科研机构是产学研实践中同一组织体下的创新联合体,拓展了三螺旋理论的创新范式。

较融合观而言,机制观和补充观对新型科研机构本质理解均存在各种不足。补充观把新型科研机构认为是对传统科研机构的补充,是因为没有正确理解新型科研机构的功能与作用;而机制观虽然看到了新型科研机构的市场化与灵活化机制,但这种创新机制实际上是为产学研深度融合服务的。

5.3 新型科研机构的成长机制理论

5.3.1 新型科研机构市场化运行的原理

1. 协同创新理论

Christopher(1992)提出"国家创新体系"的概念后开始对协同创新进行研究。协同创新是一种牵涉多方合作的创新模式,目的在于通过联合研发来提升企业的创新能力。这种协作不仅有助于加速组织内部的创新,还能扩大创新的外部影响。协同创新强调了多样化的创新主体行为,其中包括企业、政府、高校和科研机构等,它们均可能成为创新的源头。这些参与者共同协作在产品研发、技术改进以及成果转化等方面,共同促进创新的进程(Kamien等,1992)。解学梅(2010)指出,协同创新是企业与供应链企业、相关企业、研究机构、高校、中介和政府等创新主体之间的交互作用和协同效应,形成技术链和知识链,具有聚集优势和大量知识溢出、技术转移和学习特征。陈劲和阳银娟(2012)认为,协同创新以知识增值为核心,是企业、政府、知识生产机构、中介机构和用户等为实现重大创新而进行的大跨度整合的创新组织模式。综合已有研究,协同创新可理解为上述多元不同创新主体之间的相互作用形成的一个复杂网络结构,这种结构更加强调不同创新主体之间的紧密合作与协同,旨在促进创新要素之间的耦合和整体协同效应的形成。

通过对国外已有协同创新模式进行了甄选,表 5-2 列示出了较为通用的协同创新模式。新型科研机构在成长初期需要社会和政府的资助和支持,但不能长期依赖外部援助。为了实现可持续发展,必须将研究成果转化为市场应用,并经受市场检验。只有如此,机构才能不断自我发展。为了实现市场转化,新型科研机构需要成为整合各方力量的平台,与知识产权服务、科技信息咨询、技术检测、技术推广等机构协同创新,将研发、设计、制造、工艺改进、产品创新和质量提升有机结合。因此,协同创新机制是满足市场需求的重要途径。新型科研机构必须通过协同创新才能充分展现其创新和市场活力,实现双重价值。

表 5-2 国外协同创新模式

分类	协同模式汇总	适应性强/通用的协同模式
基于合作协议的协同模式	许可协议、契约、专利和技术服务购买、技术引进、委托研发、非产权合作协议、非股权合作、股权合作、交叉许可协议等	非产权合作协议、技术许可证、契约型合作
联盟或网络组织模式	产业联盟、技术联盟、研发联盟、网络组织、战略联盟、契约式研究、知识交流、培训安排、共建研究中心、竞争伙伴关系、用户协作组织、互补性合作、供应商联盟、股权合作等	产业联盟、技术联盟、研发联盟、网络组织、战略联盟
产学研合作模式	合作出版、许可证合作、网际协议(IP)出售、技术援助、正式和非正式的信息交流、人才引进、继续工程教育、产学合作教育、企业博士后工作站、工程研究中心、大学科技园、校内产学研结合、合作网络、赠股型模式、组建研发机构、合作研发、平台运作;互动模式可以外部市场交易为纽带、以产权为纽带、以政府项目计划为纽带、以高校与企业之间的研发项目为纽带	工程研究中心、大学科技园、组建研发机构、合作研发、技术援助
创新平台和区域协调模式	创新平台、联合组织实施重大科技攻关项目、推进科技资源相互开放和共享(重点实验室、中试基地、技术标准检测机构、科技信息机构等相互开放,共建科技教育信息网、大型公共仪器设备服务网、高技术信息库等)、联合共建技术市场、设置都市区协调管制模式、蛛网辐射型模式、供应链互补模式、资源共享模式等	创新平台、重点实验室、大型公共仪器设备服务网、联合共建技术市场
企业间协同模式	交互型联盟、短期型联盟、竞争战略型联盟、开拓新领域联盟、适应型联盟、合资企业、共同研发、网络协同、技术许可证、交互式学习模式等	合资企业、共同研发、技术许可证
基于创新要素的协同模式	链接模式、技术联盟、虚拟研究中心、知识俱乐部、许可证合作、技术转让、合作开发、联合培养、共建产学研联合体、人才转移	技术转让、人才转移

2. 知识网络复杂论

在知识网络的构建过程中,一些创新主体在知识网络中连接着多个节点,它们处于知识网络的核心位置,具有较高的辐射力。这些创新主体通常更容易与其他创新主体进行交流和合作,因此具有更多的资源和信息来源,能够更快地获取最新的知识和技术,并将所获得的新知识传播到更广泛的范围内。随着科技的发展和知识的积累,行业内部的专业知识往往已经被高度分化和细分化,专业知识往往不再局限于单一来源,而是涌现出多元化的知识网络。在当今高度互联互通的科技环境中,行业尖端技术的研发已经不再局限于单个大学或企业的范畴;相反,越来越多的研发活动通过由"大学—企业—资本"形成的网络来实现(解学梅和左蕾蕾,2013;沙德春和王文亮,2014)。因此,企业在面对环境变化时,通过建立跨界的知识网络来快速响应变化,提高产品和服务的质量,从而增强竞争力。

在当今复杂的知识网络背景下,新型研发机构显现出了重要的作用,它们成为推动大学、科研机构、产业和资本共同发展的关键机构。这些机构不仅仅是研究与开发的场所,更是创新与合作的枢纽。它们重新构建了战略联盟,打破了传统组织结构的束缚,促进了各方之间的交流与合作。在错综复杂的知识网络环境中,新型研发机构已经崭露头角,成为推动"产""学""研""资"协同发展的核心推动力。这些机构不仅仅是研究与开发的场所,更是创新与合作的枢纽。它们重新构建了战略联盟,打破了传统组织结构的束缚,促进了各方之间的交流与合作。

3. 开放系统论

开放系统论将自身定位为与周边环境互动的实体,或者作为更广泛系统的组成部分。在这一体系中,资金、信息、人才等各种资源得以有序流动,并实现系统整体价值的增长。开放系统理论聚焦于与外部环境保持密切联系,不断获取新的资源并进行动态调整以适应变化,从而实现持续发展和成长。开放系统作为一个动态的整体,不断接受来自外部环境的输入,并通过内部的转化过程将这些输入转化为输出。这种转化并非机械地复制,而是经过一系列复杂的变化和调整。开放系统中的创新过程不仅仅受到内部机制的影响,还受到外部环境的多种因素的影响。在理论界,经济学的分析框架使我们更好地理解开放系统中各种因素之间的相互作用。通过经济学的方法,我们可以研究知识在开放系统中的流动路径、不同组织之间如何共享知识资源从而促进创新,以及解释为什么某些地区的产业集群能够更好地实现创新,从而帮助我们能够更加全面地把握开放系统协同创新的本质。开放系统赋予了新型科研机构"协同多维性""策略演化稳定性"和"创新要素多向流动性"等特征。

4. 分类理论

美国科学研究与发展局前局长万尼瓦尔·布什将科学研究分为两大类

别,即基础研究和应用研究,并提出了科学知识流动的"线性模式",按顺序为基础研究、应用研究和开发研究,即科学创新活动的"布什范式"。20世纪末,美国学者司托克斯(Stokes)提出了科学研究的"二维象限模型"。他认为基础研究和应用研究之间并非二元对立,而是存在一种交叉重叠的关系。司托克斯的观点挑战了传统的"线性模式",他将科学研究视为一种更为复杂和多维的活动,并提出了科学研究的"二维象限模型",具体包括:基础理论研究、受应用需求启发的基础研究、专注于技术的开发和实用性的研究,以及出于纯粹的兴趣或个人偏好的研究。在创新驱动的背景下,我国学者吴卫对科研模型进行了进一步发展。他在现有的"二维象限模型"基础上进行了创新,将原本独立的基础研究和应用研究的目标维度合并为探索知识与应用的目标维度,并且引入了产业转化的目标维度(如图5-2)。这一新的"二维象限模型"为我们提供了一种更为综合和全面的科研框架,突出了在创新过程中知识探索和应用转化的双重重要性。

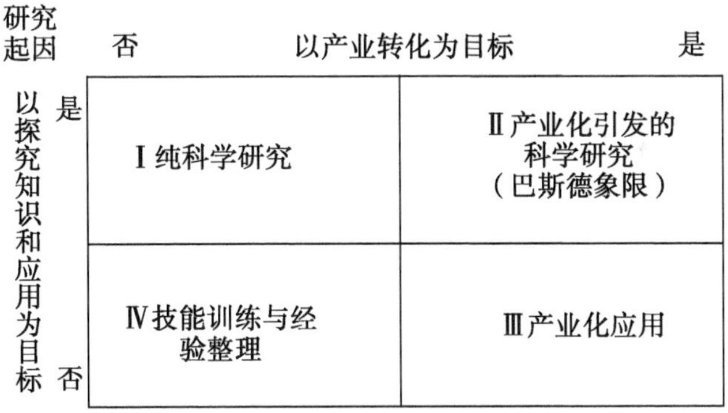

研究起因	以产业转化为目标 否	以产业转化为目标 是
以探究知识和应用为目标 是	Ⅰ 纯科学研究	Ⅱ 产业化引发的科学研究(巴斯德象限)
以探究知识和应用为目标 否	Ⅳ 技能训练与经验整理	Ⅲ 产业化应用

图5-2 创新驱动视角下的新"二维象限模型"

第Ⅰ象限是专注于纯粹科学研究,而非关注其产业化应用的工作。第Ⅱ象限基于产业化目标的研究和开发工作,不仅仅是为了满足当前需求,更是为了为未来的产业化应用提供支持,着重于将研究成果应用于商业化,并促进产业转化。这种类型的科研活动被称为"巴斯德象限",通常具有跨行业应用的特点,其目标扩展至产业化转化领域。第Ⅲ象限的科研活动是开展产业化应用的相关工作。第Ⅳ象限的科研活动是培养技能和积累经验的过程。

传统科研机构一直扮演着科研与创新的重要角色。它们不仅致力于科学研究,还积极参与着技术创新活动。然而,传统的基础研究与应用研究"二分法"所带来的线性模式,对于科研成果的传播与应用路径产生了影响。在这种模式下,科研活动往往被划分为基础研究和应用研究两个阶段,而其知识传播与生产路径被视为是阶段性和线性发展的。根据功能定位和研究性质,可将传统科研机构大致分为基础研究类、应用研究类、社会公益类,通过分析我国科研机构技术创新过程,存在将各类科研机构分开,导致大量科技成果难以实现市场化的问题,常常导致科研进度陷入停滞局面。在科技成果产出方面,结合我国以往数据信息,过于偏重论文著作和研究报告的情况已经引起了关注。尽管这些成果在学术界中具有重要地位,但其数量过多可能会导致技术类成果的比例下降。这不仅可能降低科技成果的转化率,还会限制技术的实际应用和转移。另外,技术转移成果大多是将已有技术成果直接输出与单向转化,没有与产业需求形成双向互动,从而导致市场需求匹配度低或不便应用。

"巴斯德象限"最早源于路易斯·巴斯德教授的微生物学研究领域,而巴斯德教授选择以解决实际难题为目标的前沿性基础工作开展研究,既能满足对应用价值的要求,又在此基础上发明了现代微生物理论的"巴斯德杀菌法"。司托克斯借用巴斯德教授的研究成果,提出科学研究的巴斯德象限理论,该理论认为基础科学和应用研究是互动的,可称为"应用启发的基础研究"。

新型研发机构应属于承担巴斯德象限的科研活动的研究机构。新型研发机构的科研活动和产业转化活动在巴斯德象限模型中并非静止不变,而是处于不断运动和演进之中。这种动态性使得新型研发机构的活动呈现出多样性。不同行业的科研需求和产业化程度差异巨大,因此,针对不同行业特点,新型研发机构的活动划分也会有所不同,不同组织的活动组合也会因其目标的不同而有所差异(如图5-3)。

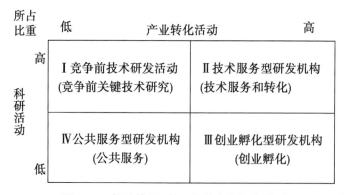

图5-3 新型科研机构巴斯德象限取向模型

第Ⅰ象限的主要任务是对关键技术、共性技术进行产业化研究和技术储备;第Ⅱ象限的主要任务是为当地企业和相关行业提供技术支持,帮助解决技术难题;第Ⅲ象限的主要任务是产业化应用导向下的培育和孵化高新技术企业等;第Ⅳ象限的主要任务是为技术产业化提供公共服务和技能培训。

例如，创投公司、科技园区以及协同创新服务平台等在推动创新发展、提供科技创新服务方面发挥着至关重要的作用。它们的服务和支持为科技研发和产业转化提供了关键支撑，促进了创新成果的转化和应用，推动了经济社会的持续发展。尽管它们的首要任务不在科技研发和产业转化领域，但它们的职能却与这些领域息息相关。

巴斯德象限理论的意义在于，研究所具有的社会价值反过来还会加强社会对纯技术研究的支持，该项目研究如果关注其潜在应用前景影响，研究成果的应用也会降低很多风险。巴斯德象限理论具体意义表现在：(1) 科研创新所需资金来源易取得且多元化；(2) 科研创新的目的多元化，应用面广泛；(3) 创新过程互动频繁且非线性，使得研究成果与应用目标的匹配经过多次反复；(4) 科技成果转化率大大提高。

传统的研发组织结构逐渐被打破，越来越多的创新活动以跨界、跨领域的形式展开。我国新型科研机构的出现，其组织目的和功能定位主要是将产学研深度融合，跨过科研停滞地带，进入巴斯德象限。新型科研机构在科技成果转化方面进行了全新探索，旨在解决科技与经济融合不足的问题。这些机构通过创新发展模式、管理体制、运作机制以及协同创新等方式搭建起科技成果转化的桥梁和平台。

5.3.2 新型科研机构通用的组织架构模型构建

1. 管理体制：理事会领导下院（所）长负责制

目前，许多新型研发机构采用了现代管理模式，如由理事会领导下的院长（主任）负责制。在这种管理模式下，理事会作为最高决策机构，负责制定机构的发展战略和政策，监督机构的运作情况，确保机构的目标得以实现。这种管理模式确保了决策者与执行者的分离，避免了决策者利益与执行者行为的交叉，减少了内部管理的腐败和不公平现象。同时，理事会由各方共同组成，有利于机构形成多元化的决策机制，充分考虑各方利益和意见，进而提高了决策的公正性和科学性。

新型研发机构的性质和特点决定了理事会制度的适用性。相较于传统科研机构，新型研发机构具有独立法人地位、公共服务职能以及财务自主性等特征。这些特征意味着它们需要实现多方投资协同、跨学科研究、多目标并存，以及功能整合创新等组织方式。与此同时，理事会制度作为一种民主决策机制，在新型研发机构中也扮演着重要角色。该制度通过代表各利益相关方进行民主决策,旨在建立利益分享和权力制衡机制。在理事会制度的框架下,具有自治性质的理事会制度代表各利益相关方强调进行民主决策,避免了权力的滥用和利益的偏向。这种机制不仅提高了决策的合理性和透明度,也有利于避免决策者利益与执行者行为的交叉,保持了组织的独立性和公正性。综合来看,理事会制度作为一种有效的管理机制,为新型研发机构的发展提供了重要支撑和保障。

2. 组织结构设置

新型科研机构虽被界定为非营利性公立型研究机构,但与政府没有隶属关系。组织结构开放,可以以"有限责任公司""基金会"或"注册社会团体"等形式出现,具有很大的灵活性。理事会制度作为新型科研机构治理结构中的关键一环,其内涵不仅仅局限于合理安排决策权、执行权和监督权,更是一种体现民主决策和权力制衡的重要机制。在新型科研机构中,理事会通过代表各利益相关方进行民主决策,能够确保决策的公正性和科学性。而建立在理事会领导下的院(所)负责制治理结构,则是将理事会制度落实到组织运营中的具体实践。

基于"多元开放、互利共赢、多方参与、灵活性和权责平衡"的原则,本书提出了新型科研机构的组织架构模型(见图5-4)。为了适应不同科研机构的特点和需求,该模型将机构的职能划分为决策层、执行层和监督层三个层面。这样的组织架构模型旨在提高机构的管理效率和决策质量,促进科研成果的转化和创新发展。

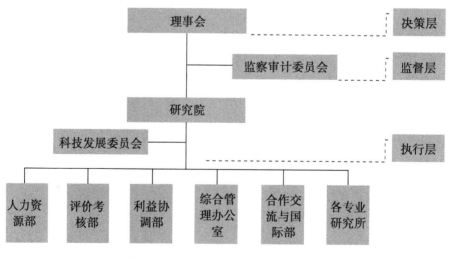

图5-4 新型科研机构组织架构模型

决策层：也被称为管理委员会，通常由理事会成员构成，作为单位中最高层的权力机构，负责制定发展方向和审议重大事务。设立理事会秘书处是一个关键的举措，旨在确保理事会运作的高效性和顺畅性。秘书处作为理事会的重要支持机构，有助于协调和组织理事会的各项工作，提高决策过程的效率和质量。

监督层：一般由监察审计委员会组成，承担着监督机构运作和决策执行情况的责任，包括预算审议、财务审计等。

执行层：承担机构整体管理责任，包括对团队、经费、设备等资源的全面调配和有效配置。通常包括科技发展委员会、人力资源部、评价考核部、利益协调部、综合管理办公室、合作交流与国际部以及各专业研究所等。科技发展委员会通常设置首席研究员（PI），是组织中的发展咨询机构。综合办公室可下设资源管理部、技术发展部、创新研究部、知识产权部、法律事务部、产业化推广部等，其主要负责管理、协调机构内部的日常工作，实现机构内资源与信息的集成与共享。此外，各专业研究所也可以是独立的，自主开展产业研发活动，并均由所长负责。

5.3.3 新型科研机构市场化运行机制

执行创新驱动的发展战略对于各个领域的发展都将产生深远影响。它不仅能够推动产业的升级和转型，促进教育事业的发展，还能够吸引和培养更多的创新人才，为国家的长远发展和未来竞争力奠定坚实基础。新型科研机构采用现代化企业管理模式，整合各方协同创新主体的资源优势是实现创新驱动发展的必然选择。这主要体现在整合各方资源可以促进跨领域、跨行业的创新合作，拓展市场空间，降低创新成本，提高资金使用效率，促进人才的交流与合作、激发创新创业的热情和活力。这种市场化运作模式（如图5-5）不仅能够促进科技成果的转化和应用，还能够推动市场的多元化和国际化发展，实现科技创新和经济社会发展的双赢局面。因此，加强各方资源的整合与协同，对于推动创新驱动发展具有重要意义。

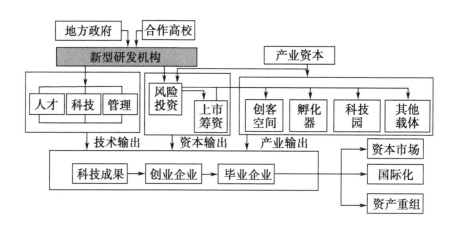

图 5-5 新型科研机构市场化运行模式

1. 多投资主体合作机制

新型科研机构在实现高水平创新目标方面发挥着重要作用,其与高校和企业的合作为优质资源的整合和利用提供了机制,并通过多种途径将科研成果转化为实际应用。在合作过程中,新型科研机构强调创新合作机制和互补性优势。他们不仅关注科研成果的产业化转化,更注重与企业建立长期稳定的合作关系,推动科技创新和产业发展的良性循环。在当今竞争日益激烈的创新环境中,大型组织往往面临着诸多系统性创新难题,包括创新速度缓慢、创新成本高昂等问题。在这种情况下,小微型组织的"积木式"创新日益凸显其重要性。通过引入"前孵化器"运行机制,可以不断促进科技型小微企业的发展,并构建完整的孵化生态链,实现创新创业风险的有效降低,是全球创新发展的主要趋势之一。在实践中,新型科研机构与多方合作推动合作创新项目,是应对新一轮技术革命和产业创新挑战的重要举措。这种合作不仅仅是为了应对当前的技术和产业挑战,更是为了塑造未来的创新生态和产业格局。

2. 成果转化机制

创新价值链的起点在于科技成果的实际应用性、普及性和转换性。为了解决科技成果在发展、试验、量产和市场应用等不同阶段面临的限制和挑战,科技成果转化的机制设计和制度逻辑被精心构建。新型研发机构的出现填补了传统科研机构和企业之间的空白,通过丰富的科技管理经验和市场开拓能力,有效地促进了科技成果的转化和应用。这些机构通过对科研成果的深入研究和评估,能够准确判断其在商业上的潜在价值,并分析其可行性和市场需求,并为后续的转化工作提供了重要的参考依据。其次,他们通过与企业、投资机构等多方合作,积极参与科技成果的推广和应用,推动其在市场上的验证和商业化进程。更具体地说,新型研发机构基于市场需求进行源头技术创新,通过提供多种支持形式,如通过技术入股将科技成果转化为实际生产力;通过管理入股,可以为企业提供有效的管理指导和运营支持,帮助企业更好地实现科技成果的市场化和产业化;此外,通过与其他创新主体合作建立高新技术企业,还可以实现资源优势的互补,共同推动企业的发展。

3. 风险投资机构运行机制

完整的科技创新投资链不仅有利于促进科技成果的转化和商业化,还有助于提高科研机构的创新能力和竞争力。通过与研发资本、风险资本和创新创业实体建立紧密联系,新型科研机构可以更好地利用各方资源,共同推动科技创新,加速科技进步,为经济社会发展注入新的动力。在实践中,新型科研机构在推动科技创新和产业发展方面发挥着重要作用。它们不仅仅是传统的科研机构,更像是有限合伙制风险投资机构,与创投公司密切相关。这种关系通过技术研发者与风险投资家之间的合作契约得以确立,明确了激励和约束机制,实现了双向委托代理,促进了技术研发者、风险投资家和合作企业经营者之间的有效合作。

新型科研机构与创投公司的合作模式在直接投资产业和提供风险投资支持两方面具有重要意义。首先,这种合作使得科研机构得以通过创投公司的资金支持直接投资产业,从而促进研发成果的产业化和科技成果的商业化。其次,新型科研机构通过提供风险投资支持,构建了创新的投资模式,助力风险资本的持续增值,同时为投资者提供了报酬,并为新兴企业的资金提供保障。因此,这种合作模式不仅降低了高新技术产业的创新难度与风险,还能有效地推动整个产业链的升级和转型。

5.4 科学合理角色下新型科研机构的成长机制

综上,新型科研机构的成长机制研究需要在科学合理的角色下进行,具体包括以下三个环节的设计与分析:

(1)确定新型科研机构的角色是研究其成长机制的前提。首先,基于国家创新体系的创新角色理论、三螺旋理论、非营利组织理论等,明确新型科研机构的角色,将其定位于非营利公益性机构。其次,需要从产学研的融合机理深入剖析新型科研机构的本质,明确其本质是一种产学研深度融合的联合创新体,在同一组织体下保障协同效应、融合效应和利益效应得以实现。

(2)确定新型科研机构成长的关键影响因素是设计其成长机制的重要环节。首先,在文献研究和实地调研的基础上,构建结构方程模型来探讨新型科研机构成长机制的影响因素与创新路径。其次,通过选择网络关系、资源获取和创新机制等因素,运用创新绩效来表征新型科研机构的成长机制效应,试图挖掘资源配置市场化方式下新型科研机构成长的关键影响因素与实现路径。

(3)新型科研机构的市场化运行机制的确立是其成长机制理论的关键。首先,协同创新理论的重要性不仅在于促进组织内部开展创新活动,而且在于其强调知识溢出效应,这一效应能够将创新的成果扩散至其他组织或行业,从而拓展创新的外部效益。在协同创新过程中,不同创新主体之间可以相互借鉴、互相影响,促进创新活动的蓬勃发展。企业、政府、大学和科研机构等不同类型的组织可以在创新项目中发挥各自的优势,形成合作共赢的局面。其次,知识网络的复杂性导致了战略联盟和创新网络的重新构建,其具体特征包括联合决策、核心主体优势、社会网络风险分享以及权利平等。现代产业创新不再局限于单一企业内部,而是需要多个组织之间的紧密合作与协同。最后,开放系统理论关注组织与外部环境的依存关系和交换方式,是主体与外部环境交互作用的系统。

第六章

江苏省新型科研机构成长的影响因素分析

本章在文献研究和实地调研的基础上,构建结构方程模型来探讨新型科研机构成长机制的影响因素与创新路径。本章主要采用静态视角,试图解决以下几个问题:(1)有哪些重要因素影响江苏新型科研机构的创新绩效,它们之间的作用机理是怎样的?(2)江苏新型科研机构的市场机制在其实现创新绩效的过程中发挥了怎样的作用?通过问卷数据进行实证检验,运用创新绩效来表征新型科研机构的成长机制效应,试图挖掘资源配置市场化方式下新型科研机构成长的关键影响因素与实现机制,为现实中大力建设新型科研机构提供参考与建议。

6.1 理论分析与研究假设

6.1.1 新型科研机构网络关系及其创新绩效

新型科研机构的特色之一在于投资主体的多元化,与不同创新主体开展协同创新。Harris 等(2000)将创新网络定义为由不同的创新参与者组成的企业、机构或群体。从参与者角度出发,新型科研机构联合多方力量,与政府、高校、科研院所、企业,以及行业协会等共同形成了一个创新网络。新型科研机构可从所处的创新网络中获取外部关键性资源与知识,共担创新风险及联合互补技术,但这些创新网络益处的发挥会受到新型科研机构与网络中其他创新主体间关系强弱的影响。网络关系强度是影响创新网络成败的一个重要因素,体现了创新网络中各成员之间关系的紧密性。借鉴Granovetter(1973)的观点,本章将网络关系强度划分为接触时间、合作交流范围和互惠性这三个维度。创新主体间的强关系体现在互动频繁、合作交流内容深入以及建立长久合作关系等方面;而弱关系则体现在互动不频繁、合作交流内容不深入以及短期的合作关系等方面。已有研究对网络关系强度影响创新的方式持不同观点,支持应建立强关系的学者认为强关系可通过双方建立信任机制的方式促使创新主体从外部获取知识,且较强的网络关系能够加快网络中创新主体之间知识共享和信息交流的速度,从而提高创新效率(刘学元等,2016);而持不同看法的学者认为网络中的弱关系不容易产生资源的冗余性,能给企业带来新信息,提高了企业间关系的灵活性,有利于企业创新。考虑到支持建立弱关系的相关研究多是基于企业间的关系,而新型科研机构通常与其所处创新网络中其他主体性质不同,且掌握着不同类型的资源,因此本书支持强关系的观点,认为新型科研机构加强与创新网络中的其他主体的紧密联系,有助于与网络中的成员建立信任感,促进不同主体共享技术信息和前沿知识,更好地开展深度合作。另外,新型科研机构立足于以科技研发成果商业化为目标的产业技术创新,与其他创新主体紧密的合作关系能够加快信息的流通,迅速把握市场动态,促使新型科研机构以市场为导向利用资源优势进行技术创新研发,充分利用市场化手段来实现内部资源配置,提升创新绩效。基于上述分析,本章提出以下假设:

H1:江苏新型科研机构的创新网络关系强度与创新绩效之间呈正相关关系

6.1.2　新型科研机构的资源整合与创新绩效

新型科研机构的特色之二在于搜索并集聚多种创新优势资源加以整合,加快成果转化。资源整合是组织对不同来源、层次、结构、内容的资源与自身原有资源的加工与重塑,具体包括识别、选取、配置、融合与转化等环节。组织能够获取的外部资源范围以及对其识别、获取和开发的程度决定了资源的有效整合。立足于资源管理过程视角,本书借鉴蔡莉和柳青(2007)的观点,认为新型科研机构的资源整合是一个动态过程,包括资源识别、资源获取和资源开发三个阶段。新型科研机构的多投资主体为其识别并获取多样化的资源带来便利,有必要对各种不同类型的外部资源与内部资源进行有效整合,充分发挥不同创新资源的协同作用,最终开发转化为创造价值的成果。根据蔡莉和柳青(2007)以及Dollinger(1995)等学者对资源的分类方法,新型科研机构的资源主要包括人力资源、组织资源、信息资源、知识资源和财务资源等,这些多样化的资源只有经过有效整合才能更好地创造价值。Santoro和Gopalakrishnan(2001)的研究结果表明了资源重构与配置的整合过程可增加创新绩效。资源的有效整合促进了资源要素在新型科研机构内的高效生产与流动,提高了创新资源的使用效率和潜在价值,加速了技术成果的输出与转化。因此,本书提出以下假设:

H2:江苏新型科研机构的资源获取与其创新绩效之间呈正相关关系

6.1.3 新型科研机构的市场机制与创新绩效

市场机制是新型科研机构区别于传统科研机构最显著的特征,新型科研机构更加注重用市场化方式进行资源配置。本书所指的市场机制是指引领新型科研机构各项活动的相应制度与安排,根据所指引的各项活动范围将其分为内部市场化机制、外部市场化机制和动态协整机制,主要体现在治理结构、人才聘任管理、考核与激励、资源共享、研发资金分配、动态运营管理、成果转化机制等方面。与传统科研机构不同,新型科研机构以市场为导向,通过一系列制度安排使其根据外部市场变动调整内部决策,保持灵活性与动态性。一方面,这种创新的市场机制能及时应对环境变化,满足产业和市场需求;另一方面,体制机制的市场化能对创新行为产生激励作用,并促使内部各环节协调和高效地运行,使新型科研机构内部形成强大的凝聚力。

具体而言,科学的人才聘任与培养机制决定了创新人才的高素质,激励机制是内部人员创新的主要动力,可促进创新活动。一方面,新型科研机构建立以成果转化为导向的全面考核机制,将激励、评价与创新目标"捆绑",大幅提升了创新活动的效率,促使高质量创新绩效的实现;另一方面,新型科研机构是一个开放系统,通过外部市场化机制建立对外沟通的桥梁与保障,了解产业需求与市场动态,将外部信息内部化,确保新型科研机构内部活动的协调,并借助成果转化在线平台减少信息不对称,促使新型科研机构内部研发成果可以成功输出与转化,进而为机构带来经济效益。另外,新型科研机构是一个动态组织,通过动态协整机制,能够更加灵活地适应市场环境变化。

竞争性和差异化的研发资金分配可促使资金用在高效益的项目上,提高资源配置的效率;项目动态管理可适度控制研发风险,有助于提高创新绩效。因此,本书提出以下假设:

H3:江苏新型科研机构的市场机制与创新绩效之间呈正相关关系

6.1.4 市场机制与创新环境

1. 市场机制的中介作用

新型科研机构的市场机制在网络关系强度促进创新绩效中起到关键的中介作用。创新网络关系要以市场机制为保障,新型科研机构的利益共享和沟通机制可以使网络中的各创新主体建立稳定长期的合作关系。新型科研机构从网络关系中获取的知识与信息要借助其开放的体制机制传导到机构内部,最终影响创新绩效。在市场机制的作用下,新型科研机构将内外部资源加以整合与管理,并将其边界不断外延,持续与外界进行资源的交换与融合。这种灵动的市场机制是新型科研机构持续创新的内在动力,在网络关系强度、资源整合与创新绩效间起到桥梁作用。基于上述分析,本书提出以下假设:

H4a:新型科研机构的市场机制在创新网络关系强度与创新绩效的正相关关系间起中介作用

H4b:新型科研机构的市场机制在资源整合与创新绩效的正相关关系间起中介作用

2. 创新环境的调节作用

新型科研机构是一个开放型系统,在发展过程中与环境互动并逐步适应。已有研究从政策支持、不确定性、经济发展水平、知识产权保护等不同角度揭示了环境对创新的外在影响,本书提出的创新环境主要涵盖新型科研机构可享受的政策支持、产业配套措施以及当地科技金融发展水平等方面。良好的创新环境为组织的开放式创新创造了必要条件,创新政策的支持在组织和机构间关系网络的建设、提升技术创新能力方面发挥了重要的作用,可促进创新主体的协同创新。当新型科研机构周围的环境较为完善时,能更快地与其他创新主体形成创新网络,从而有利于其开展创新活动。

另外,当政府大力支持新型科研机构建设时,出台的相关政策为其机制创新提供外在激励,市场机制在动力方面需要政策、技术和资金的支持,且研发产业配套和科技经济水平等因素为其研发成果转化带来便利。当新型科研机构处在有利的创新环境中时,其市场机制与创新绩效的正相关关系会得

到增强。基于上述分析,本书提出以下假设:

H5a:创新环境在新型科研机构的创新网络关系强度与创新绩效的正相关关系间起正向调节作用

H5b:创新环境在新型科研机构的市场机制与创新绩效的正相关关系间起正向调节作用

根据上述理论假设,得到新型科研机构创新绩效机理模型(如图6-1)。

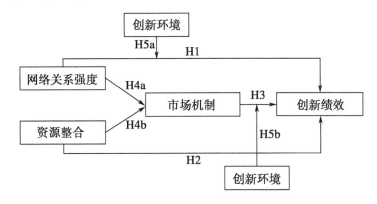

图6-1 新型科研机构创新绩效机理模型

6.2 数据来源与研究设计

6.2.1 数据收集

本研究选取江苏省新型科研机构作为研究对象,对覆盖南京市、苏州市、常州市、无锡市、徐州市、南通市等地区的新型科研机构进行问卷调查。由于江苏省部分新型科研机构的成立时间普遍较短,为保证结果的持续性与可靠性,调查时未考虑成立时间不足一年的新型科研机构。问卷要求填写人必须是科研机构的所长、项目负责人、研究员等,并且这些人员要对新型科研机构的运行有较为全面地了解。在正式发放问卷之前,我们选择了几家新型科研机构进行了现场访谈及问卷测试,根据访谈人员的意见对部分题项进行了调整,最终确保问卷的内容能够被准确理解和填写。本研究通过实地访问、电子邮件和问卷星等方式共发放问卷213份,实际收回181份问卷,剔除不合格问卷后,最终得到159份有效问卷。从单位性质看,被调查的新型科研机构中事业单位占27.1%,民办非企业单位占6.57%,企业占66.33%;从行业类型看,新材料占34.24%,信息技术占20.18%,生物医药占13.22%,高端装备制造占28.31%,节能环保占4.05%。

6.2.2 变量与测量

受访者根据新型科研机构的实际运行状况进行指标评价,均采用李克特(LIKERT)5级量表来衡量,其中1和5分别表示"非常不符合"和"非常符合"。

因变量:创新绩效。考虑到新型科研机构的非营利属性,结合张凤和霍国庆(2007)的研究将新型科研机构的创新绩效划分为创新产出、创新能力和创新服务三个维度,借鉴陈子韬等(2017)和吕亮雯、李炳超(2017)的量表以及访谈中了解的实际情况,确定具体的测量指标包括专利申请受理、科技论文发表、科研成果奖励、承担重大科研项目、培养创新创业人才、服务企业数量、技术市场成交合同数、专利所有权转让与许可、以知识产权作价投资、衍生孵化企业数量等,最终形成10个题项。

自变量:(1)网络关系强度。结合新型科研机构实际运行情况,借鉴潘松挺、蔡宁(2010)和解学梅(2015)的相关量表,从接触时间、合作交流范围和互惠性3个维度共8个题项来衡量。(2)资源整合。借鉴蔡莉和柳青(2007)以及Dollinger(1995)等学者对资源的分类方法,结合新型科研机构的资源特点,本研究按照资源类别将资源整合细分为人力资源整合、组织资源整合、信息资源整合、知识资源整合和财务资源整合,参考董保宝等(2011)和付丙海(2015)等人的量表从每一类资源的识别、获取和开发的整合过程阶段来测量,共包括15个题项。

中介变量:市场机制。本书在熊肖雷(2016)相关量表基础上,根据访谈和案例调研中新型科研机构市场机制的特点,从内部市场化机制、外部市场化机制和动态协整机制三方面来衡量,具体测量以下方面:治理结构、人才聘任与培养机制、收益分配机制、激励机制、考核评价机制、对产业经济与趋势的研判、资源共享机制、信息交流与技术交易平台建设、项目动态管理机制、研发资金分配制度,最终形成11个题项。

调节变量:创新环境。借鉴解学梅(2015)和熊肖雷等(2016)的相关研究量表,从政策支持、产业配套措施以及科技金融发展水平方面衡量,具体包括4个题项:"所在地政府制定了发展新型科研机构的相关制度和支持政策""已有创新政策有利于新型科研机构进行协作""所处地区有较好的产业配套和研发基础环境""所处地区的科技金融服务可以提供资金支持"。

6.2.3 信度与效度检验

在信度方面,创新环境、网络关系强度、资源整合、市场机制和创新绩效的克隆巴赫系数(Cronbach's α)分别为 0.814、0.899、0.894、0.895 和 0.859,系数均大于 0.7,说明本研究所用量表是可靠的。在效度方面,采用验证性因子分析(CFA)对量表的建构效度进行了检验,结果见表 6-1。从表中可看出除了人才资源整合测量变量的信度系数未超过 0.5,其余各项拟合指标均在适配指标范围内,由此表明量表具有较好的收敛效度。

表 6-1 各变量验证性因子分析结果

变量	标准因素负荷量	信度系数	测量误差	组合信度	平均变异量抽取值
创新环境				0.809	0.515
Env1	0.737	0.543	0.457		
Env2	0.701	0.491	0.509		
Env3	0.640	0.410	0.590		
Env4	0.785	0.617	0.383		
网络关系强度				0.885	0.721
CR1:接触时间	0.910	0.828	0.172		
CR2:交流范围	0.826	0.683	0.317		
CR3:互惠性	0.807	0.651	0.349		
资源整合				0.848	0.530
RP1:人力资源整合	0.623	0.389	0.611		
RP2:组织资源整合	0.705	0.497	0.503		
RP3:信息资源整合	0.724	0.524	0.481		
RP4:财务资源整合	0.789	0.622	0.378		
RP5:知识资源整合	0.785	0.616	0.384		
市场机制				0.859	0.670
CM1:内部市场化机制	0.799	0.638	0.362		
CM2:外部市场化机制	0.811	0.657	0.343		
CM3:动态协整机制	0.844	0.713	0.287		

续表

变量	标准因素负荷量	信度系数	测量误差	组合信度	平均变异量抽取值
创新绩效				0.844	0.645
CP1：创新产出	0.728	0.530	0.470		
CP2：创新能力	0.779	0.606	0.394		
CP3：成果转化	0.894	0.799	0.201		
适配指标	0.6—0.95	>0.36		>0.6	>0.5

6.3 假设检验与分析

6.3.1 相关性分析

表 6-2 列出了本研究所涉及变量的描述性统计和 Pearson（皮尔逊）相关系数结果。相关分析结果显示网络关系强度、资源整合和市场机制均与创新绩效呈显著相关关系，这与本节假设 H1—H3 基本一致。

表 6-2 描述性统计及相关系数

变量	均值	标准差	1	2	3	4	5	6	7
1. 创新绩效	3.759	0.550	1						
2. 单位性质	2.340	0.896	0.068	1					
3. 成立年限	2.920	0.843	0.438**	−0.064	1				
4. 创新环境	3.860	0.706	0.379**	−0.132	0.109	1			
5. 网络关系强度	3.693	0.645	0.557**	−0.125	0.226**	0.310**	1		
6. 资源整合	3.580	0.518	0.492**	0.002	0.175*	0.352**	0.512**	1	
7. 市场机制	3.762	0.581	0.591**	−0.095	0.169*	0.368**	0.380**	0.338**	1

（注：*** $p<0.001$，** $p<0.01$，* $p<0.05$）

6.3.2 结构方程模型检验

本书采用结构方程模型检验变量间的相互关系，通过 AMOS 21.0 软件对结构方程模型进行验证，结果如表 6-3 所示。结果表明，结构方程模型的各项拟合指标均在合理范围内,方程模型拟合效果较好,可用来检验相应假设,其路径结果能较为合理有效地反映本研究中的"因果关系"。

表 6-3 结构方程模型拟合结果

路径			路径系数	S.E.	C.R.	P	标准化路径系数
市场机制	←	资源整合	0.150	0.155	0.972	0.331	0.124
市场机制	←	网络关系强度	0.419	0.132	3.177	0.001	0.416
创新绩效	←	市场机制	0.413	0.081	5.077	***	0.478
创新绩效	←	资源整合	0.235	0.104	2.260	0.024	0.225
创新绩效	←	网络关系强度	0.242	0.096	2.530	0.011	0.278
互惠性	←	网络关系强度	1.000				0.806
交流范围	←	网络关系强度	1.135	0.110	10.276	***	0.831
接触时间	←	网络关系强度	1.074	0.096	11.245	***	0.892
信息资源整合	←	资源整合	1.000				0.737
人力资源整合	←	资源整合	1.005	0.148	6.786	***	0.635
组织资源整合	←	资源整合	0.959	0.126	7.611	***	0.701
财务资源整合	←	资源整合	1.131	0.129	8.740	***	0.791
知识资源整合	←	资源整合	1.139	0.135	8.424	***	0.791
内部市场化机制	←	市场机制	1.000				0.803
动态协整机制	←	市场机制	0.976	0.100	9.760	***	0.844
外部市场化机制	←	市场机制	0.929	0.094	9.841	***	0.799
创新产出	←	创新绩效	1.000				0.728
创新能力	←	创新绩效	1.142	0.129	8.835	***	0.788
成果转化	←	创新绩效	1.050	0.113	9.258	***	0.880
拟合指标		χ^2/df	1.100		IFI		0.959
		GFI	0.929		TLI		0.941
		AGFI	0.896		CFI		0.954
		RMR	0.030		PCFI		0.744
		RMSEA	0.025		PNFI		0.531

(注:*** $p<0.001$,** $p<0.01$,* $p<0.05$)

根据表 6-3 结果可以得出:(1)新型科研机构网络关系强度对创新绩效存在直接显著的正向影响($\beta=0.242, p<0.05$),因此假设 H1 得到支持;(2)新型科研机构的资源整合对创新绩效有显著的正向影响($\beta=0.235, p<0.05$),因此假设 H2 得到支持;(3)新型科研机构的市场机制对创新绩效存

在显著的正向影响（$\beta=0.413, p<0.001$），假设 H3 获得支持（结构方程模型输出结果见图 6-2）。

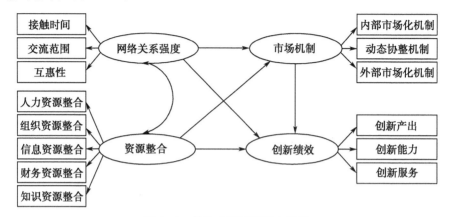

图 6-2　结构方程模型输出结果

通过构建竞争模型进行参数估计及显著性差异评价的方法，来进一步检测新型科研机构市场机制这一中介变量的作用，检验结果见表 6-4。模型 1 和模型 3 的结果表明，当不存在市场机制的中介作用时，网络关系强度对创新绩效存在显著的正向影响（$\beta=0.653, p<0.001$），资源整合对创新绩效也存在显著的正向影响（$\beta=0.597, p<0.001$），因此假设 H1 和假设 H2 获得支持。比较模型 1 和模型 2，发现网络关系强度对创新绩效不仅存在直接的正向影响（直接影响效应为 0.391），且可通过市场机制对创新绩效产生间接的正向影响（间接影响效应为 $0.448\times0.551=0.247$）。比较模型 3 和模型 4，发现资源整合对创新绩效不仅存在直接的正向影响（直接影响效应为 0.350），且可通过市场机制对创新绩效产生间接的正向影响（间接影响效应为 $0.414\times0.564=0.233$）。因此，创新机制在网络关系强度与创新绩效之间、资源整合和创新绩效之间起到不完全中介作用，假设 H4a 和假设 H4b 获得支持。

表 6-4　创新机制中介效应的检验结果

路径		Model 1	Model 2	Model 3	Model 4
创新绩效	← 网络关系强度	0.653***	0.391***		
市场机制	← 网络关系强度		0.448***		
创新绩效	← 资源整合			0.597***	0.350***
市场机制	← 资源整合				0.414***

续表

路径	Model 1	Model 2	Model 3	Model 4
创新绩效 ← 市场机制		0.551***		0.564***
拟合度指标				
卡方值	5.784	23.681	21.007	39.771
p	0.671	0.480	0.336	0.525
GFI	0.988	0.967	0.967	0.954
CFI	1.000	1.000	0.978	1.000
RMSEA	0.000	0.000	0.026	0.000

（注：*** $p<0.001$，** $p<0.01$，* $p<0.05$）

6.3.3 调节效应分析结果

本书采用结构方程模型对创新环境的调节作用进行检验，考虑到多重共线性问题，对模型中的交乘项进行了中心化处理。对初始的结构方程模型进行修正后，最终检验结果如表 6-5 所示。Model 5 检验了创新环境对新型科研机构的网络关系强度与创新绩效相关关系的调节作用，Model 6 检验了创新环境对新型科研机构的市场机制与创新绩效相关关系的调节作用。检验结果显示：(1) 网络关系强度与创新环境交互项的路径负荷为 0.397（$p<0.01$），因此假设 H5a 获得支持；(2) 市场机制与创新环境乘积项的路径负荷为 0.314（$p<0.05$），因此假设 H5b 获得支持。

表 6-5 创新环境的调节效应结果

	路径	标准化路径系数	S.E.	C.R.	P
Model 5	创新绩效←网络关系强度	0.308	0.130	1.988	0.047
	创新绩效←网络关系强度 * 创新环境	0.397	0.020	2.594	0.009
Model 6	创新绩效←市场机制	0.434	0.161	2.440	0.015
	创新绩效←市场机制 * 创新环境	0.314	0.020	1.951	0.044

（注：*** $p<0.001$，** $p<0.01$，* $p<0.05$）

6.4 研究结论与启示

6.4.1 研究结论

本章选取江苏省新型科研机构作为研究对象,运用创新绩效来表征新型科研机构的成长机制效应,通过构建结构方程模型探索了新型科研机构成长机制的影响因素与创新路径,旨在挖掘新型科研机构创新成长的内在规律与实现机制。研究结果表明:

(1) 新型科研机构的网络关系强度、资源整合以及市场机制均能对其创新绩效产生积极影响;

(2) 新型科研机构的市场机制在网络关系强度与创新绩效之间、资源整合与创新绩效之间发挥着中介作用;

(3) 创新环境既可调节新型科研机构的创新网络关系强度与创新绩效间的关系,又可调节新型科研机构的市场机制与创新绩效间的关系。

6.4.2 实践启示

本章结论对实践中大力发展建设新型科研机构有一定的参考意义。根据实证研究结果,提炼出影响新型科研机构成长机制的影响因素包括以下四个关键环节:

(1) 强化创新网络关系。新型科研机构需要保持对外交流与协作,与政府、企业、科研院所、国际顶尖创新团队等建立紧密长期的合作关系,构建多元化的合作方式,加强创新主体间知识、信息的流通,发挥好创新主体沟通的平台作用。

(2) 提升资源整合能力。新型科研机构的多投资主体使其资源来源有多种渠道,应加强对多样化、异质性资源的识别、获取与开发能力,实现创新资源的集聚功能。

(3) 建立灵活新颖的市场化机制。灵活新颖的市场化创新机制是新型科研机构持续创新的机制保障,在其成长的实现路径中发挥着中介作用。新型科研机构应强化市场化运行机制,内部建立兼具竞争性与激励性的科学管理制度,外部建立与市场紧密结合的开放性机制,通过动态协整机制将机构内部与市场外部相结合,充分运用市场化手段来配置资源。

（4）营造良好的创新环境,强化政府作用。区域创新环境在新型科研机构成长的实现路径中起到重要的调节作用,政府应出台支持新型科研机构建设与发展的专项政策,完善科技金融服务体系,增强对产业布局顶层设计的引导能力,完善配套措施,优化区域创新环境。

第七章

江苏省新型科研机构成长机制与改善研究

本章在第六章静态视角分析了江苏新型科研机构成长的主要影响因素的基础上,再从整体和动态视角研究江苏省新型科研机构成长机制与改善途径。本章主要采用动态视角,试图回答以下三方面问题:第一,分析江苏新型科研机构成长机制与发展特点。第二,更加精准和深入分析江苏新型科研机构成长机制和本质特征。立足于江苏新型科研机构的特点,有必要借鉴系统动力学方法动态分析其成长机制的演化规律,以弥补现有单一因素、线性思维的研究不足。第三,根据以上研究结论,探讨江苏新型科研机构改善绩效的有效途径。

7.1 问题提出与理论分析

7.1.1 问题提出

目前文献对江苏新型科研机构研究存在成长机制的动态性和多因素联合作用分析不足。新型科研机构有效运行会受到多重因素扰动和多方因素组合协同互动的影响,是一个动态变化的复杂过程。尽管一些文献从投入机制、用人机制、治理结构以及激励机制等不同方面研究了影响新型科研机构创新发展及其运行机理的关键要素,但更多是集中于单一要素对新型科研机构的线性分析,对新型科研机构进行多因素联合互动分析和动态性研究不多。借用系统动力学模型及分析工具,可以揭示组织系统内部的微观结构及变化规律。该方法能有效结合定量和定性分析,从整体分析组织系统内部各个组成部分和要素间的多因素交互关系,以及组织系统中的动态信息反馈行为,有助于我们全面、科学地厘清江苏新型科研机构运行机制的本质规律。

本章将全面系统地研究江苏新型科研机构的成长机制与演化规律。首先,运用系统动力学的思想与理论方法,确定江苏新型科研机构运行的系统结构与子系统组成变量,构建江苏新型科研机构运行过程中各个变量间的交互作用的系统动力学流图,并分析四种重要的系统运行机制;其次,对江苏新型科研机构运行系统中各个变量间关系建立方程模型,并对模型进行仿真演化分析,总结江苏新型科研机构的动态演化规律。

7.1.2　理论分析

1. 需要从整体性和动态性的视角研究江苏新型科研机构成长机制

目前已有对新型科研机构的研究存在两方面不足:第一,本质仍需明确。新型科研机构是一种新兴事物,学界对其本质特征存在争议,现已形成了机制观、补充观、融合观等观点。机制观认为新型科研机构最突出的特点是灵活开放的体制机制与去行政化的治理模式,这是区别于传统科研机构最显著的特征;补充观认为新型科研机构并不是对传统科研机构的否定,而是以灵活性好、适应性强、成果转化快、市场需求近等优势,成为现有科技创新体系的重要补充;融合观则认为新型科研机构的本质是一种产学研深度融合模式,通过建立全新的组织形式很好地解决了传统产学研各个主体间的合作协调与功能衔接问题。当前对新型科研机构本质的研究观点颇多,且外延宽泛模糊,学界尚未达成一致意见,因此有必要从学理层面对新型科研机构的本质进行剖析。第二,运行机制的动态性和多因素联合作用分析不足。新型科研机构有效运行会受到多重因素扰动和多方因素组合协同互动的影响,是一个动态变化的复杂过程。基于此,本章将全面系统地研究新型科研机构的本质特征与运行机制,主要从以下几个方面展开研究:① 梳理新型科研机构的演变发展过程与运行特点;② 为了弥补现有研究单一因素、线性思维的不足,运用系统动力学的思想与理论方法,确定新型科研机构运行的系统结构与子系统组成变量,构建新型科研机构运行过程中各个变量间交互作用的系统动力学流图,并分析四种重要的系统运行机制;③ 建立新型科研机构运行系统中各个变量间关系的方程模型,并对模型进行仿真演化分析,总结新型科研机构的动态演化规律。此外,基于研究结论提出促进新型科研机构可持续发展的政策建议。

2. 需要从新型科研机构为产学研深度融合体的角度来考察江苏新型科研机构运行机制

新型科研机构不是传统科研机构的替代,而是产学研深度融合的一种联合创新体。那么,这种联合创新体的运行机制与规律如何?由于新型科研机构运行的复杂性与动态性,我们运用系统动力学模型与分析工具,厘清新型科研机构这种联合创新体中各个因素之间的互动关系及循环反馈,揭示其内在成长机理与动态变化规律。

系统动力学是从组织系统内部的微观结构入手,以组织系统内部结构、参数及总体功能为基础,以组织系统的动态变化与因果关系为关注点,分析并把握组织系统特性与行为,是一种适用于认识、分析动态复杂系统的跨学科研究方法。该方法的具体步骤如下:(1)将研究对象解构成若干个由多个要素构成的子系统,根据各个要素之间的交互作用关系建立起各个子系统之间的因果关系图或系统动力学流图;(2)根据系统动力学流图,从静态视角分析组织系统中的信息反馈机制;(3)根据系统动力学流图建立变量间的方程模型,运用计算机仿真法对系统模型进行动态演化分析,可动态揭示组织系统运行的变化规律。

7.2 江苏省新型科研机构创新系统模型构建

7.2.1 江苏新型科研机构特色的提炼

发展特色 江苏早期就确立了发展创新型经济、建设创新型省份的宏伟目标。从全国范围来看,江苏拥有众多高校科研院所和积极开展技术创新的企业,其战略性新兴产业规模在全国处于领先地位,高端产业亦有不少。江苏省拥有发达的科技创新体系和产业基础,江苏省政府一直以来都高度重视科技创新和产业升级,积极推动创新型企业的发展,为领先执行创新驱动发展战略打下了坚实的基础和前提。江苏省通过积极引进和培育科技计划,不仅促进了传统产业的升级转型,还培育了一批新兴产业和高新技术企业,在生物医药、新材料、智能制造等领域取得了显著进展。在长期的支持和积累下，江苏逐渐打造了独具江苏特色的环境优势和产业基础。各类创新型园区和产业化基地广泛分布于全省各地，呈现出创新要素集中、创新资源齐聚的显著特色。

江苏新型科研机构更多地依靠市场的力量来激发创新活力和推动科技成果的转化，以产业共性和关键技术研发为核心，积极推动产业链的整合和协同创新，引领产业发展。通过总结，有以下几点特色：

（1）大多设立在科技园区，服务于高技术产业。江苏新型科研机构通常设立于科技园区，旨在促进区域内创新主体的协同合作和资源共享，同时为当地高科技产业提供支持和服务。

（2）聚焦于新兴产业共性技术开发和应用。它们专注于新兴产业的通用技术研发和应用，旨在成为战略新兴产业的发源地和区域产业创新的主要推动者。

（3）地方政府主导，市场化运行。地方政府在人才、资金和项目等方面持续支持，同时鼓励科技与金融的结合，推动多样化的投入、管理和发展模式。针对各种情形，政府采取多种投入和管理方式，包括整体引进团队、全方位支持，以及政府支持投入、通过政策引导参与管理模式。

（4）"创新、创业、服务"三位一体。这些机构致力于以成果转化为核心，加强产业通用技术的应用性创新，推动成果的商业化和企业的孵化。为推动科技创新与产业发展的有机结合，各级政府和相关机构不断完善公共研发平台和实验室的建设。这些平台不仅专注于产业通用技术的研发，还致力于工程化技术开发和技术转移转化，提供了先进的研发设备和技术支持、配备了成果孵化功能和工程中试基地，为科技成果的产业化提供了重要保障。

成功经验 江苏新型科研机构主要实行院长负责制，通过调研江苏典型的新型科研机构，总结了以下其在运行机制方面体现的一些改革举措：

（1）实行"一所两制"。一些研究院所依托高校设立，存在着不同管理体制下从事不同类型研究的研究人员。一方面，在高校院所运行机制下以教授或研究员的身份从事基础研究或前沿技术研究；另一方面，也有由独立研发组织聘用的致力于将已有科技成果或技术进行进一步开发和应用的研究人员。独立法人机构主要负责成果的产业化和项目投资，他们享有相对独立的人事权、灵活的聘期，以及弹性的专兼职结合和人才引入政策。对于那些同时在大学和研究院所工作的专兼职人员,将实行"双职双酬"政策,并对其进行双向考核。

(2)合同科研。通过采用合同科研管理机制,可以根据新型科研机构为企业提供的具体服务和成果,以绩效为导向确定经费支持,从而更加灵活地满足科研机构的需求。这种机制激励新型科研机构更加积极地参与市场竞争,不仅有利于促进科研机构与市场的互动,还能够提供更加贴近市场需求的科研成果,促进科技创新的快速转化和产业发展的加速推动。科研绩效综合考虑了合同完成的科研任务和服务的绩效评价、在纵向研究项目中取得的成果和贡献的评价、对孵化企业的支持和服务情况,以及孵化企业的发展成果和市场表现等方面。

(3)项目经理制。项目组织灵活,探索实行项目团队、项目公司等多种形式,并采用项目经理制进行管理。在这种制度下,项目经理可以有效地协调和整合各方资源,提高项目的执行效率和成功率;同时,项目经理也承担着对项目进展和成果负责的角色,促进了团队成员的合作与协调,推动了科技创新的快速发展。通过采用项目经理制,可以更好地实现科研任务的明确分工和目标导向,加速重大关键技术的攻关进程,在科研组织形式上实现管理创新。

(4)经费投入机制。采用企业化的管理模式,能够从政府科技计划项目、企业合同科研、地方政府资助、总院前瞻性科研资助、衍生企业股权收入等多个渠道获取资金支持,并愿意与其他机构、企业以及社会各界分享资源和成果,促进产学研用结合,加速科技成果的应用和产业化进程。新型科研机构能够根据市场需求和科技发展趋势自主制定研究方向和发展战略,通过技术创新、人才培养、产业合作等途径提升自身竞争力和影响力。

(5)股权激励和利益分配机制。实行绩效优先、市场化薪酬分配制度。科技成果转移转化等收益大部分归技术研发团队,技术成果直接组建公司实施产业化,新公司承诺提供场地和资金支持,为科研项目的进行提供了必要的物质条件和经济保障。同时,该机构还积极帮助他们获取项目资金并保护科研成果的知识产权,为科技成果的转化和产业化提供必要的资金保障。同时,他们计划改进创业投资和融资机制。

(6)技术转移扩散机制。为了促进产学研协同创新并推动科技资源的开放共享,必须加强技术合作、技术服务和共性技术方面的合作。通过跨区域、跨国际的技术合作,促进技术的跨界融合,推动创新的不断涌现。建立衍生企业是将新技术迅速应用于产业中的有效途径之一。这些衍生企业不仅能够将突破性的新技术转化为实际的产品和服务,还能够快速响应市场需求,满足消费者的需求。通过衍生企业,新技术能够得到有效的推广和应用,进而推动了相关产业的发展。建立线上、线下技术交易市场平台,集项目发布、技术转移与技术交易服务为一体。

7.2.2 江苏新型科研机构创新过程的结构

与传统科研院所不同,新型科研机构突破传统的单一组织边界,呈现出一种多主体投资优势,为各个独立的创新主体搭建了一个资源要素集聚与流动的动态创新网络系统,兼具开放性与合作性。新型科研机构实质上是"政产学研"活动的载体,通过集聚、整合与重组异质创新资源推进核心技术研发,将知识、技术、市场信息的需求方与供给方相连接,打通信息壁垒与服务桥梁,推动"政产学研"协同创新融合机制发展,发挥创新平台的资源集聚与价值创新功能(周君璧等,2023;Gawer,2014)。从创新目标来看,新型科研机构的创新活动始终以成果转化为导向,创新过程兼具开放性与动态适应性。新型科研机构重视与市场的紧密联系,通过多个创新主体间的互动合作对外部环境的变化做出调整与适应,实现快速对接产业、市场需求变化的创新资源集聚与技术创新,促进成果转移与转化,形成价值的创造与延展(张光宇等,2021)。在创新过程中,新型科研机构会受到资金与人才资源、协同管理水平、激励机制、政府支持、市场需求等诸多系统内外部因素的影响(毛义华等,2022),这些因素以非线性互动方式交叉影响、相互耦合,表现为自身系统与外部环境间的资金流、知识流、信息流、技术流等的互换与流动,最终形成了其创新系统的多阶反馈结构(陆竹,2019)。综上所述,新型科研机构的创新过程具有复杂开放性、动态适应性与非线性耦合等特征。因此,本书将新型科研机构的创新过程视为自身内部子系统和外部环境相互耦合的复杂动态系统。

新型科研机构始终与外界保持知识、技术和信息的交换,致力于开展技术创新,并在政府支持和产业需求等因素的影响下实现科技成果的转移与产业化。新型科研机构的创新活动体现了知识和技术的流动、转移、创造和转化的动态过程。基于此,我们根据新型科研机构的创新资源集聚、流动过程与形态变化规律,从动态过程视角分析和归纳新型科研机构创新活动的过程和特点,映射出新型科研机构创新过程的人才集聚、技术创新和成果转化这三个子系统(如图7-1)。其中,人才集聚子系统是导入系统,是新型科研机构不断持续创新的基础;技术创新子系统是核心驱动系统,是新型科研机构保持竞争优势的关键;成果转化子系统是输出系统,是新型科研机构创新成效表现和持续发展的重要途径。这三个子系统通过项目合作流动、创新资源流动等途径构成相关要素间的循环运转。新型科研机构在与外界保持知识、技术和信息的交换时,离不开政府支持、产业与市场需求、协同管理能力及组织结构等因素的支撑,这些因素支撑各个子系统的关联与运转(陈良华等,2023)。其中,政府支持对新型科研机构运行起到引导和推动作用,通过产业集聚、政策扶持与项目支持等方式直接或间接地影响各个子系统(米银俊等,2019)。产业与市场需求是新型科研机构开展技术创新并实现成果转化的方向与动力,主要发挥拉动作用。协同管理能力和组织结构等是新型科研机构运行的基础保障,通过对创新资源的合理协调与配置,支撑各个子系统的功能运转(何帅等,2024)。

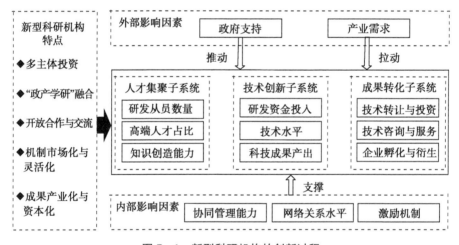

图7-1 新型科研机构的创新过程

7.2.3 子系统分析与系统流图构建

1. 子系统分析

新型科研机构的创新过程是由人才集聚、技术创新与成果转化这三大子系统动态互动、有机耦合而构成的一个整体系统。

(1) 人才集聚子系统

主要反映新型科研机构的科技研发人才集聚与知识创造活动,这是新型科研机构开展技术创新的基础。作为新型科研机构的创新主体,科技研发人员对创新知识的掌握、运用与创造,是新型科研机构人才集聚效应的一种体现形式。在政府相关优惠政策支持下,新型科研机构的多主体投资优势有助于集聚一批科技研发人才并快速有效地掌握知识资源,构成知识创造活动的初始知识存量基础(马文静等,2022)。在新型科研机构开放灵活的运行机制作用下,科技研发人员在集聚与整合知识资源的过程中会创造出新知识,这又会进一步增加新型科研机构的知识存量,完成知识积累的动态过程,提升科技人才集聚水平(Valkokari,2015;任志宽,2019)。在这一过程中,知识创造能力是影响新型科研机构科技人才集聚水平的关键要素。知识创造能力不仅会受到研发人员知识势差的影响,还会受到网络关系水平和激励机制的影响。研发团队中人员所掌握的有差别的知识形成了研发人员间的知识势差。适度的知识势差是创造知识的基础,特别是高端人才掌握着前沿与优质的知识,可以提高对知识的加工与整合能力。相关研究表明,网络关系可以推动新型科研机构开展频繁且深入的对外合作与交流,促进知识与信息的流动及新知识与新技术的创造(Nieto 和 Santamaría,2007;周君璧等,2023)。另外,新型科研机构赋予科技研发人才科研自主权和参与收益分配权等激励机制能够激发科技研发人员主动挖掘有价值含量的知识进行整合创造,提高科技研发人员的积极性(章芬等,2021)。根据以上分析,为了更清晰地展示新型科研机构的科技人才集聚效应,系统模型通过研发人员数量、知识创造能力、政府支持、高端人才占比、网络关系水平、激励机制、科研自主权、人才收益分配等变量进行表达。

(2) 技术创新子系统

主要反映新型科研机构对各项资源综合运用与创新的结果,是新型科研机构发展的核心驱动力。新型科研机构获取外部有效资源的根本动机在于实现技术创新,通过关键核心技术的突破,带动产业技术升级。科技研发人才和研发资金是新型科研机构持续开展技术创新的主要资源基础(张玉磊等,2022)。一方面,科技研发人才运用其所掌握的知识资源积极承担政府、产业的科研项目,通过合同科研的方式加速科技成果的输出;另一方面,新型科研机构获取资金的渠道变得多元化,在研发资金持续投入的情况下,新型科研机构致力于在知识创新的基础上推动技术水平增长,进而提升专利等科研成果产出的数量。随着技术水平的累计增长,新型科研机构在产业与市场需求的驱动下不断向关键核心技术突破与创新,通过引起产品或工艺的更新与升级,间接推动产业技术升级。此外,除了科技人才和研发资金,影响新型科研机构技术创新的要素还包括组织结构和协同管理水平。不同于传统科研院所,新型科研机构的组织机构扁平化且对外开放程度高,使得其协同管理能力更加灵活高效,资源的利用效率得以提高(陈良华和何帅,2019)。因此,为了更清晰地展示新型科研机构的技术创新活动,用科技成果产出反映新型科研机构的技术水平,同时选择科技人才集聚效应、研发资金投入、财政资金投入、社会资金投入、自有资金投入、协同管理能力、组织结构柔性化、技术水平增长动力等变量。

(3) 成果转化子系统

主要反映新型科研机构技术创新成果的延伸与应用,是新型科研机构创新成效表现和持续发展的重要途径。新型科研机构的成果转化建立在技术创新的基础上,通过对科技成果的转移与产业化来满足技术创新的内在需求和外部市场需求,最终实现经济效益与社会效益。新型科研机构的科技成果转化路径体现在技术开发与转让、技术服务与咨询、孵化与引进企业等方面,只有通过多种科技成果转化路径获取创新收益,才能促使新型科研机构独立自主运行并持续创新(毛义华等,2022)。在这一过程中,制约科技成果快速转化的关键因素主要包括技术水平、科技成果与市场需求的匹配度、产业基金以及成果转化激励等(丁红燕等,2019)。技术水平决定了科技成果的产出数量,而成果转化激励则是新型科研机构实现成果产业化的内驱推力。成果转化激励通过将创新收益以股权激励或利润分享的方式与科技人才薪酬挂钩,将科技人才与新型科研机构的利益相捆绑,促进成果转化效率的提升(章芬等,2021)。产业资本通过投资与孵化市场化前景明确且具有商业价值的优质科技成果,促进科技成果快速产业化。相关研究与实践表明,科技成果与市场需求的匹配度则是新型科研机构成果转化的催化剂,市场需求对成果转化有拉动作用。此外,新型科研机构在成果转化的过程中还会受到政府支持、网络关系水平等方面的影响(米银俊等,2019)。基于上述分析,为了更清晰地展示新型科研机构的成果转化路径和成果转化效益,选择科技成果产出、技术成交数量、孵化企业数量、服务企业数量、成果转化收入、孵化企业营业收入、技术服务收入、创新总收益、社会经济影响力、人才收益分配、成果转化动力、市场需求匹配、科技金融投入等变量。

在诸多因素的影响下,新型科研机构的子系统通过彼此的交叉变量相互联系,形成复杂的因果关系。以新型科研机构创新过程的系统分析为基础,根据上述各个子系统的变量间相互作用关系与动态变化特征,运用 Vensim 软件构建新型科研机构创新系统的因果关系图(如图 7-2 所示)。

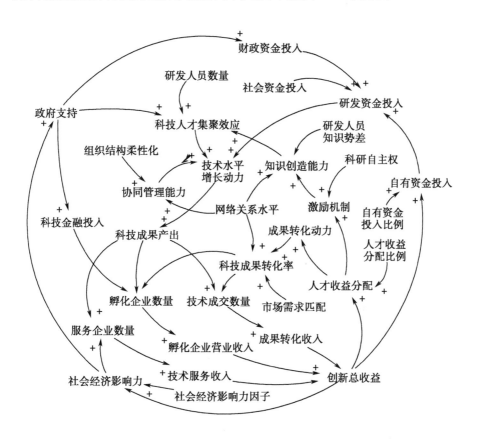

图 7-2 新型科研机构创新系统因果关系图

2. 系统动力学流图构建

根据上述系统因果关系图以及因果反馈回路分析,进一步绘制新型科研机构创新过程的系统动力学流图(如图 7-3)。根据图 7-3,系统模型共包括 3 个状态变量,3 个速率变量,21 个辅助变量和 8 个常量。

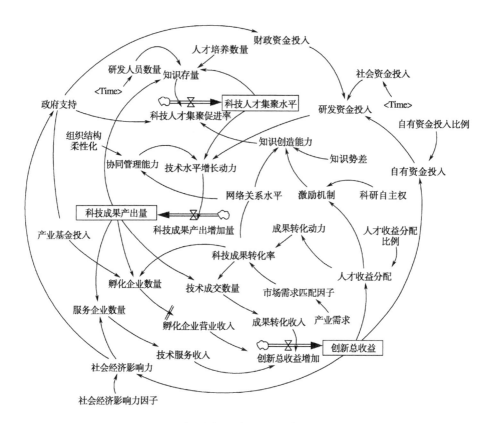

图 7-3 新型科研机构创新系统动力学流图

7.2.4 方程设计与说明

在综合考虑新型科研机构特点和创新过程的基础上,参考已有相关研究文献,运用表函数、函数拟合、专家赋权打分等方法确定各个变量间的函数关系,并经多次调整后形成系统仿真方程。其中,初始数据及变量之间的关系确定均来自南京市科学技术局的相关统计数据(2018—2020 年)与实地调研问卷。对主要变量的方程列示如下表 7-1:

表 7-1 变量与函数关系式

变量	函数关系式
技术水平增长动力	1.137 * LN(研发资金投入)+1.224 * 科技人才集聚水平+1.115 * 协同管理能力-14.028
科技成果产出增加量	1 158 * LN(技术水平增长动力)+4 496.2

续表

变量	函数关系式
科技成果产出量	INTEG（科技成果产出变化量,4 200）
研发资金投入	社会资金投入＋自有资金投入＋财政资金投入
科技人才集聚促进率	（知识存量/10 000）^0.3＊知识创造能力^0.4＊政府支持^0.3
科技人才集聚水平	INTEG（科技人才集聚促进率,0.02）
协同管理能力	组织结构柔性化＋网络关系水平
政府支持	0.148 1＊社会经济影响力＋0.172 6
知识创造动力	0.6＊知识势差＊激励机制＋0.4＊知识势差＊网络关系水平
激励机制	科研自主权＊人才收益分配/100 000＊0.3
人才收益分配	创新总收益＊人才收益分配比例
科技成果转化率	市场需求匹配因子^0.4＊成果转化动力^0.4＊网络关系水平^0.2
成果转化动力	人才收益分配/100 000＊0.35
技术成交数量	0.25＊科技成果产出量＊科技成果转化率＋130.41
成果转化收入	184.1＊技术成交数量－16 769
服务企业数量	0.72＊科技成果产出量＊社会经济影响力－125.35
技术服务收入	127.95＊服务企业数量－4 216
孵化企业数量	0.015＊科技成果产出量＊科技成果转化率＊ LN（产业基金投入）＋154.9
孵化企业营业收入	DELAY1(201.903＊孵化企业数量－21 647.2,1)
创新总收益增加	成果转化收入＋技术服务收入＋孵化引进企业营业收入
创新总收益	INTEG（创新总收益增加,191 018）
社会经济影响力	（创新总收益^社会经济影响力因子）/100

7.3 江苏省新型科研机构的成长机制演化分析

7.3.1 成长机制演化分析

根据上节系统动力学流图，可以整体和静态地分析出新型科研机构的人才集聚机制、协同创新机制、风险共担与利益共享机制、保障与激励机制等的运行特点。

1. 人才集聚机制：科学家与企业家交互、知识与技术循环迭代

新型科研机构的人才集聚体现在同一组织下对创新知识资源的集聚、整合与创造。人才集聚所引起的知识溢出效应不仅是影响新型科研机构持续创新的主导因素，也是新型科研机构发展壮大与升级的主要源动力。首先，政府大力支持新型科研机构的建设，提供的引才留才优惠政策与公共设施服务为吸引高层次人才创造了条件。同时，新型科研机构的多主体投资优势和人才培养功能也会促使科技人才的集聚与流动，这体现了创新知识存量的积累。其次，在新型科研机构的运行过程中，频繁、互惠的对外开放与合作交流会促使创新知识的流动、传递与反馈，为新型科研机构的现有知识系统引入新知识。在新型科研机构的协同管理机制和科研自主化等激励作用下，科学研究者与企业技术专家可以在同一组织体系下对技术攻关方向、关键核心技术等问题开展深入讨论，科技人才识别并挖掘具有价值含量的知识进行整合与创造，推动知识创新与技术创新，进而实现知识和技术的迭代升级。新型科研机构的人才集聚与技术创新相互影响、相互促进，形成了循环往复的良性互动。新型科研机构会为适应产业技术的需求变化调整科技人才结构，而科技人才拥有的各种管理知识、科技知识和各种专业技能等会随着科技人才交互、流动及时间的累积而有更深入的理解和掌握，使人才自身的知识创新思维不断形成并趋于完善，从而加强了科技人才的持续创新能力，也进一步加快了创新技术的改进与升级。综上，在政策支持、人才培养功能、网络关系水平和协同管理与激励机制共同作用下，同一组织体系下科学家与企业家的交互融合推动新型科研机构的"知识存量—知识创新量—技术水平—知识存量"的循环与迭代升级。这种良性互动和循环促进了科技人才在新型科研机构的持续流动与集聚，形成从量变到质变的转化。

2. 协同创新机制：同组织下"基础研究＋技术攻关＋成果产业化＋科技金融＋人才培养"融合

新型科研机构为产学研各个主体搭建了一个资源要素集聚与流动的动态创新网络平台，将知识、资金、技术、信息和基础设施平台等创新要素相互关联、组合与协整，打通技术成果转化需求方与供给方的信息壁垒与服务桥梁，为产业链各方提供合作和沟通的价值增值通道。新型科研机构的协同创新机制具体表现为：第一，新型科研机构重视与市场的紧密联系，通过与企

业技术人员交互沟通、调研和对外交流活动掌握市场信息与动态变化,为技术研发的方向作参考,并根据市场环境变化做出调整,因而其适应性强。第二,通过不断整合与重组知识、技术、市场、资本等科技资源要素,修正自身机制,实现快速对接产业、市场需求变化的创新资源集聚与技术创新,促进成果转移与转化,形成价值的创造与延展,这一过程会推动知识资源、技术资源与市场资源在同一组织内的双向流动,有助于协同创新与成果产业化。第三,新型科研机构的成果转移与产业化效果可以用来检验和校准市场化的研发导向,其技术成果与市场预期的差距会促使研发人员不断调整与修正现有技术研发体系,以此形成科技成果产出的市场信息反馈渠道,强化市场机制驱动科技成果转化的巨大内在潜力。新型科研机构的"联合创新体"本质推动创新链上的科学发现、技术创新与产业发展从简单的线性模式过渡到深度融合模式,从而使同步研发、逆向创新和交叉融合成为主流,研发方向贴近市场需求,科技成果产业化进一步反哺科学发现,再次推动科学发现深化拓展,促使新型研发机构可持续发展。综上,新型科研机构以学、企牵头,将政、产、学、研、资等各方集聚在同一个组织体内进行优质资源与功能的交互与融合,协作创新技术攻关,共同打造"基础研究+技术攻关+成果产业化+科技金融+人才培养"的全过程相互融合的创新链与产业链。

3. 风险共担与利益共享机制:同组织下创新联合体利益机制的设计

新型科研机构将科学发现、研发投入、技术创新、风险投资与产业发展环节集成在同一组织体下,通过风险共担与利益共享机制,将政、产、学、研、资等各投入方建成利益共同体,形成创新链、资金链与产业链之间融合的资源配置链。一方面,政府在新型科研机构的发展中发挥引导作用,通过研发补贴、引导基金与科研项目等资金资助,引才、税收与设备购置等优惠政策扶持等方式,支持新型科研机构的投入运行。当新型科研机构的科技成果实现转化与孵化后,特别是能够对接战略性新兴产业技术,对服务当地企业、引领当地产业发展与推动当地经济发展有促进作用时,该机构能够从政府获得更多的支持。同时,在政府支持作用下,新型科研机构突出的成果转化表现也会吸引更多的产业基金与社会资金,形成获取外部资金的正循环反馈。另一方面,新型科研机构自身研发经费的投入可以提高技术研发水平与创新能力,进而通过促进科技成果转化实现创新总收益,为新型科研机构增加盈利的同时增加研发经费投入,实现基于自我"造血"式的正反馈循环。在市场化产业链的拉动和利益驱使作用下,对市场匹配度高且具有商业价值的科技成果进行投资、转让与孵化等，可以促进科技成果快速产业化并提升利益相关者的盈利能力。这种获利信息反馈既可以推动技术创新的潜能，同时又会吸引更多的产业资本和社会资本，使得新型科研机构的科技成果孵化和产出稳步向前。此外，大学与科研机构的创新知识投入与科技成果投入在成果转化过程后也能够实现人才培养、知识升级与利益分配等目标，这也会增加学、研方的创新动力。综上，资金使用的成果产业化导向与再投入是新型科研机构运行形成类似"鸡生蛋、蛋生鸡"的良性循环的关键，而促成"创新投入—技术创新—成果产业化—创新收益—利益分配—创新投入"这一循环的重要前提是将创新资源投入及资金的运用效果与投资方的利益进行捆绑。

4. 保障与激励机制：同组织下市场化机制与企业化管理的实施

新型科研机构内部的激励机制主要是对科技人才的激励，具体可以表现为项目的自主研发、用人自主权、资金自主使用权、利润分享激励、股权激励等方式。科技人才在受到激励后会尽量扩大对知识的开放度与学习力，通过提升知识创造能力和技术水平加快技术成果产出。新型科研机构的激励循环反馈核心在于"合作互利共赢"，这是新型科研机构为确保最终盈利及利益分配的促成型动力。成果转化的创新收益是最终驱动力，通过将创新收益或者孵化企业产值以股权激励或利润分享的方式与科技人才的薪酬挂钩，将科技人才与新型科研机构的利益捆绑在一起。这种激励方式不仅有利于创新技术的改进和成果转化效率的提升，还能在一定程度上缓解新型科研机构的资源投入。更重要的是，科技人才参与新型科研机构的成果转化收益分配形成了一个激励机制的良性循环反馈，极大程度地催生并保障了科技人员长期专注于科技成果转化的动力和耐力，是新型科研机构实现技术创新及成果产业化的内驱推力。此外，政府的扶持政策、知识产权保护、考核评价与奖励等机制是新型科研机构运行的重要保障。综上，新型科研机构的激励方式更加灵活，从短期激励上升到参与成果收益分配与赋予科研自主权等长期激励，更加激发了科研人员创新行为的内驱力，促使其积极主动实现新型科研机构的创新目标，构成了新型科研机构运行系统"激励机制—知识创造能力—技术水平—科技成果转化—成果转化收益分配—激励机制"的循环反馈机制。

7.3.2 模型仿真与灵敏度分析

本节运用 Vensim PLE 软件对新型科研机构创新过程的系统动力学模型进行仿真。为了更直观地反映系统作用过程，本书选择建设发展较好、创新成效显著的江苏省南京市新型科研机构作为仿真对象,数据主要来自南京市科学技术局 2018—2020 年的相关统计数据及部分调研数据。我们将仿真模型的时间范围设置为 2018—2028 年,周期为 10,时间步长为 1(DT=1)。仿真模型以 2018 年南京市新型科研机构的相关统计数据确定状态变量的初始值,即科技人才集聚水平的初始值设为 0.02,科技成果产出的初始值设为 4 200,创新收益的初始值设为 191 018。

1. 模型有效性检验

本书通过历史数据检验法对模型的有效性进行验证,比较系统仿真输出的模拟值与实际数据的相对误差。考虑到数据的可获得性,以 2018—2021 年南京市新型科研机构的实际数据作为检验对照依据,选择科技成果产出和创新收益这 2 个输出变量进行对比。其中,科技成果产出包括专利申请量与标准的总和,创新收益包括技术转让收入、技术咨询与服务收入以及孵化企业收入的总和。变量的模拟值与实际值的对比结果见表 7-2。结果显示真实数据与模拟值的误差均在 10% 以内,因而可表明仿真模型的拟合度较好。因此,可以认为本研究建立的系统动力学模型是有效的,能够较大程度反映新型科研机构运行的实际情况。

表 7-2 历史数据检验结果

年份	科技成果产出			创新收益		
	实际值(项)	模拟值(项)	相对误差(%)	实际值(万元)	模拟值(万元)	相对误差(%)
2018 年	4 200	4 200	0	191 018	191 018	0
2019 年	7 376	7 764	5.26%	406 189	378 462	−6.83%
2020 年	12 030	12 558	4.39%	722 269	752 198	4.14%
2021 年	14 382	15 697	9.14%	1 063 000	1 132 443	6.53%

2. 模型仿真动态演化趋势

对新型科研机构运行系统的动力学模型进行模拟仿真,得到研发资金投入、科技人才集聚水平、科技成果产出量和创新收益这 4 个关键变量的演化趋势(如图 7-4)。根据图 7-4 中仿真结果显示:(1) 新型科研机构的科技人才集聚水平呈现出一种"前缓后陡"上升趋势,其边际效应逐渐增大,形成一种"J"型走势。在政府政策支持下,新型科研机构的多主体投资和柔性引才模式集聚了高端科技研发人才,开放、自主、流动、市场化导向的协同管理

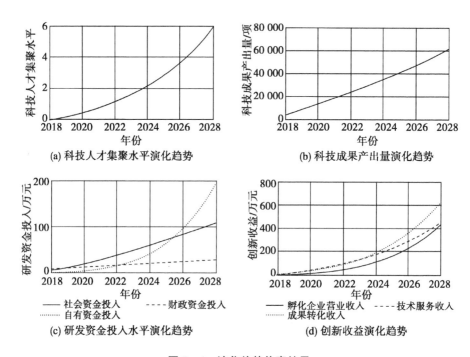

图 7-4 演化趋势仿真结果

与激励机制促使科技研发人才的知识不断聚集、整合、转移与创造,推动技术创新。在技术创新过程与人才培养过程中,科技型人才与企业家聚集且交互,促进新知识、新思想的产生,通过整合螺旋上升又形成知识创造,从而使得新型科研机构的人才知识集聚水平持续上升。

(2)新型科研机构的科技成果产出逐年递增。随着科技人才知识集聚水平的提高,不同来源的资金投入增多,科研基础设施平台的开放共享,新型科研机构的创新能力得以提升,使得新型科研机构的科技成果产出呈现出线性上升趋势。

(3)新型科研机构多元化研发资金衔接合理且利用效率高,原始资金和政府资金的前期引导效应、社会资金投入和自有资金积累再投入的后期追加效应显著,呈现出一种平"K"型走势。在新型科研机构发展初期,财政资金扶持力度较大,起到了资金的催化与引导社会资本投向的作用。随着科技成果的转移与产业化,创新收益逐渐增加,新型科研机构自我造血能力及吸引外部资金的能力逐渐增强,使得自有资金投入和社会资金投入快速增加。新型科研机构的发展实现由最初财政扶持到自负盈亏的市场发展的过渡。

(4)新型科研机构的成果转化模式渠道多,技术服务收入逐年递增、成果转化收入和孵化企业收入的滞后效应呈现初期缓慢、后期快速增长的趋势,形成一种"W"型态势。在市场与政府需求拉动、产业基金扶持,以及成果转化激励的共同作用下,新型科研机构的科技成果产出转移转化,使得创新收益增加。创新收益的增加会促使研发资金投入的提高,且科技成果产出转移转化的情况也会反馈调整或改进技术研发方向,这会进一步推动科技成果产出及转移转化。综上,仿真结果为我们呈现出新型科研机构的良好发展态势,能在一定程度上反映出新型科研机构运行系统的变化规律。

3. 灵敏度分析

为探讨不同驱动因素对新型科研机构创新水平及创新绩效的作用情况,本书以科技成果产出和创新总收益为主要输出变量,进一步从研发资金投入、研发人员投入、激励机制、网络关系强度与市场需求匹配等方面对新型科研机构进行灵敏度分析。

(1) 研发资金投入灵敏度分析

不同于传统科研院所,新型科研机构的资金来源渠道非常灵活与多元,不仅包括财政资金,还包括自有资金和社会资金等。下面分别考察不同渠道来源的资金变动对新型科研机构的影响,分别将财政资金投入、自有资金投入和社会资金投入增加40%,仿真对比结果如图7-5。根据仿真对比结果可知,财政资金投入的增加在短期内会显著提升新型科研机构的科技成果产出数量,这表明政府在新型科研机构发展初期的扶持作用不容忽视,增加财政资金投入在短期内会促进新型科研机构的科技成果产出快速增长。但从长期来看,随着新型科研机构创新活动不断发展,财政资金投入将趋于稳定,其在研发资金总投入中的比重逐渐降低,财政资金投入的正向促进作用会逐渐减缓。同时,社会资金投入和自有资金投入的增加对提升新型科研机构的科技成果产出也具有显著影响。从长期看,新型科研机构的科技成果产出对社会资金投入和自有资金投入变动的敏感性增强,且超过了对财政资金投入变动的敏感性。这主要是因为新型科研机构在实现成果转化收益后会加大自身研发投入并吸引更多外部资本,实现自我造血与自我成长的可持续发展。因此,社会资金投入和自有资金投入在研发资金总投入的比重会逐渐增多,从长期来看,对科技成果产出的提升效果更显著。综上,不论是财政资金投入增加,还是社会资金或自有资金投入增加,都为新型科研机构的创新带来了强大的资源基础和保障,可以有效促进新型科研机构的技术创新水平,并提升科技成果产出数量。

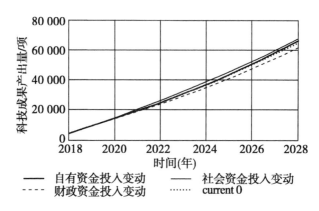

图 7-5 研发资金投入变动对比分析

(2) 研发人员投入灵敏度分析

与传统科研院所相比,新型科研机构的多主体投资特征和更加灵活的运营机制,使得其研发人员呈现出国际化、高端化、流动化等特点,那么研发人员投入会如何影响新型科研机构的创新水平呢?下面主要从研发人员数量和研发人员质量两方面进行考察。假定分别将研发人员的数量和高端人才占比依次增加30%和60%,因素变动的影响效应见图7-6所示。由图7-6可知,新型科研机构的研发人员数量增加和高端人才占比增加均表现出对科技成果产出的正向促进作用,且该正向促进作用随时间推移呈递增趋势。然而,相较于研发人员数量的变动影响效应,高端人才占比增加对科技成果产出的提升作用更显著。这主要是因为新型科研机构中科技研发人员的累计增长会促进知识的集聚与创造,实现创新知识的动态积累,充分发挥人才集聚效应,有助于提升科技研发水平。特别是当新型科研机构的高端人才比重逐渐增加时,可以为新型科研机构注入创新能力较强的研发人员,则有利于

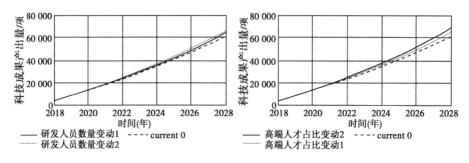

图 7-6 研发人员投入变动对比分析

提高创新资源和知识的利用效率,为新型科研机构的科技研发水平提升做出更大贡献。

(3)激励机制灵敏度分析

区别于传统科研院所,新型科研机构的激励方式会更加灵活,从短期激励上升到参与成果收益分配与赋予科研自主权等长期激励,能够更加激发科研人员创新行为的内驱力。因此,进一步通过选择科研自主权和人才收益分配比例这两类激励机制的调整变动,分析新型科研机构更加灵活的激励机制对其科技成果产出和创新总收益的影响。

首先,保持科研自主权不变,依次将人才收益分配比例由0.2提高至0.4和0.6,从而得到3种不同收益分配比例的灵敏度分析,如图7-7所示。从图7-7中可以看出,不同的人才收益分配比例对新型科研机构的科技成果产出和创新总收益产生了不同的影响效果。对于科技成果产出而言,人才收益分配比例的提高虽在短期内的影响作用较弱,但长期对科技成果产出有正向促进作用。这表明科技人才在受到激励后会尽量扩大对知识的开放度与学习力,通过提升知识创造能力和技术水平加快科技成果产出。对于创新总收益而言,随着人才收益分配比例的提升,创新总收益也逐渐增加,且创新总收益的增加速度具有非线性特征。这主要是因为科技人才参与新型科研机构的成果转化收益分配形成了一个激励机制的良性循环反馈,极大程度地催生并保障了科技人员长期专注于科技成果转化的动力和耐力,进而提升创新总收益。

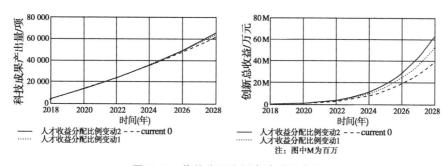

图7-7 收益分配比例变动对比分析

其次,保持人才收益分配比例不变,依次将科研自主权比例由0.4分别调整至0.6和0.8,从而得到3种不同程度科研自主权的灵敏度分析,如图7-8所示。从图7-8可以看出,科研自主权对新型科研机构的科技成果产出和创新总收益的影响是正向促进的。相较于创新总收益,新型科研机构的科技成果产出对科研自主权具有较高的灵敏度。随着科研自主权的逐渐增大,新型科研机构的科技成果产出呈逐渐增加趋势。这表明当给予科研创新团队充分的自主权和发挥空间时,可以尊重并鼓励研发人员的创新性思想与行为,提高科技研发人员的积极主动性及技术创新水平。虽然科研自主权对创新总收益具有一定的正向影响,但科研自主权成比例地增加并未引起新型科研机构创新总收益的大幅增加,曲线呈现出较为密集的变化趋势。说明科研自主权在新型科研机构的科技成果转化行为方面的支持不足,当前更多体现在研发方向、研发人员和资金等方面的自主性。

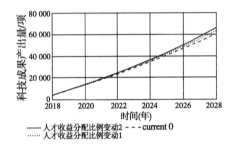
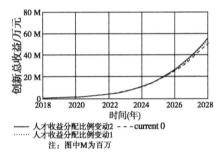

图 7-8 科研自主权变动对比分析

(4) 网络关系水平灵敏度分析

与传统科研院所不同,新型科研机构应该会更加灵活和开放,鼓励多元化、合作程度高的对外交流方式。当与外界创新主体的联系更加紧密时,可以强化对前沿知识、技术以及市场信息等优质创新资源的流通与整合,从而更好地利用市场运行方式。假定其它变量保持不变,将新型科研机构的网络关系水平由 0.4 分别提高至 0.6 和 0.8,观察调整前后科技成果产出与创新收益的变化(如图 7-9)。如图 7-9 所示,新型科研机构的科技成果产出和创新收益均对网络关系水平有较高的敏感度。随着网络关系水平的增加,新

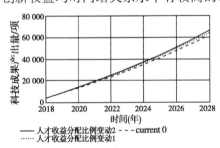
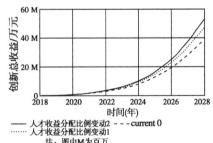

图 7-9 网络关系水平因子变动对比分析

型科研机构可以迅速了解更多的新知识与新技术,这有助于促进新型科研机构的科技创新水平,进而提升科技成果产出和创新总收益。

(5) 市场需求匹配系数灵敏度分析

区别于传统科研院所,新型科研机构会更加注重外部市场与产业需求,倡导建立以市场为导向的技术研发与成果转化机制,以保持与市场的紧密结合。假定其它变量保持不变,将市场需求匹配系数由 0.4 分别提高至 0.6 和 0.8,观察新型科研机构的市场需求匹配系数变动对其科技成果产出与创新收益的影响(如图 7-10)。如图 7-10 所示,市场需求匹配系数对新型科研机构的科技成果产出与创新总收益均有促进作用,但创新总收益对市场需求匹配系数变化的敏感度更高。随着市场需求匹配系数的逐渐增加,短期内对科技成果产出的影响不明显,但长期有助于提升科技成果产出。这说明市场需求匹配对新型科研机构的科技成果产出有一定的指引作用,新型科研机构的研发人员往往会根据市场信息的变化动态调整技术研发方向,提高科技成果与市场的紧密贴合度。另外,对于新型科研机构的创新总收益而言,市场需求匹配系数的提升不论在短期还是长期内均会对其产生显著的促进作用。这主要是因为当新型科研机构的科技成果与市场需求的匹配度较高时,可以快速推动科技成果转化为有效的市场消费,加速科技成果的转移与产业化,从而使得创新总收益也快速增加。

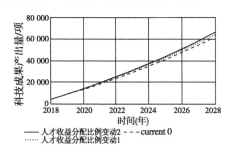 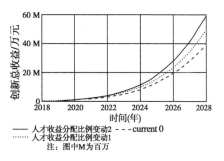

图 7-10 市场需求匹配因子变动对比分析

7.4 演化分析的结论与启示

7.4.1 研究结论

本章运用系统动力学方法构建了新型科研机构创新过程的系统模型,厘清影响新型科研机构创新系统的各个因素间的互动关系及运行反馈机制,在新型科研机构创新过程的系统分析基础上,建立新型科研机构创新系统的因果关系图和系统流图。结合南京市新型科研机构的相关数据和实践,呈现出新型科研机构的创新系统模型的仿真演化趋势,并分别从研发资金投入、研发人员投入、激励机制、网络关系强度与市场需求匹配等方面进行灵敏度分析,揭示了新型科研机构创新绩效的驱动因素及运行机理。研究结果显示:

(1) 利用系统动力学流图,分析出新型科研机构的人才集聚机制、协同创新机制、风险共担与利益共享机制和保障与激励机制四方面的特有运行机制;

(2) 利用动力学模型的动态演化仿真,发现新型科研机构的科技人才集聚水平呈现"前缓后陡"的趋势、多元化研发资金衔接合理、自有资金与社会资金后期追加效应显著、科技成果产出持续线性增长和技术服务收入逐年递增与成果转化收入、孵化企业收入的滞后效应等规律;

(3) 灵敏度分析结果显示:① 不论是财政资金投入还是社会资金投入或自有资金投入,均可以有效促进新型科研机构科技成果产出的提升。财政资金投入在新型科研机构发展初期的扶持作用较为显著,能够起到资金的引导与催化的作用。但随着新型科研机构实现"自我造血"的可持续发展后,财政资金投入将趋于稳定,社会资本投入和自有资金投入的作用逐步凸显,新型科研机构的研发投入来源应逐渐向社会资本和自有资金转移;② 研发人员数量与高端人才占比对新型科研机构科技成果产出发挥促进作用且随时间推移呈递增趋势,其中高端人才占比对科技成果产出的提升作用更显著;③ 科研自主权对新型科研机构科技成果产出的正向促进作用更显著,人才收益分配对新型科研机构创新总收益的正向促进作用更显著;④ 网络关系水平对新型科研机构的科技成果产出与创新总收益均有促进作用;⑤ 市场需求匹配系数虽在短期内对科技成果产出的影响不明显,但长期对科技成果产出的促进效果显著。对于创新总收益而言,不论在短期内还是长期内,市场需求匹配系数均会对创新总收益产生显著的促进作用。

7.4.2 实践启示

研究结论对促进江苏新型科研机构科技创新水平和创新绩效的提升具有一定的实践启示:

(1) 新型科研机构的有效运行应倡导引入市场化机制。根据系统动力学演化结论,新型科研机构的人才集聚效应和创新收益的提升离不开市场化的运行机制。需要设计科学合理的运行管理机制,从人员交互与流动、创新资源与创新功能融合、创新投入与收益共享捆绑、全过程与全方位的人才激励与保障方面打造新型科研机构的"创新联合体";

(2) 新型科研机构的前期发展需要政府助力。系统动力学演化规律中的"前缓后陡"与滞后效应,显现出新型科研机构具有公共产品属性的特征,会存在市场失灵现象。新型科研机构的有效运行需要政府在前期进行资助,并结合政策引导和市场化运行机制,充分发挥"有形的手"与"无形的手"对创新资源优化配置,促使新型科研机构实现由最初政府扶持到自负盈亏的市场发展过渡;

(3) 提高研发资金投入并合理利用多元渠道资金。重视政府支持在新型科研机构初期的引导与催化作用,提升新型科研机构的资金"造血"能力,将投资方的利益与新型科研机构的发展进行捆绑,促进资金再投入的良性循环与可持续发展,推动新型科研机构的资金投入不断向社会资本和自有研发资金转移;

(4) 集中优势力量组建具有高层次、国际化背景的科技创新人才团队,重点识别科技创新人才的"专业性"与"多样性",强化多学科集成和产学研深度融合;同时,引导建立更加灵活、面向市场的人才柔性流动机制,形成开放、流动、稳增的人才队伍,激发新型科研机构面向市场开拓资源的能力与整合优质资源的活力;

(5) 鼓励探索全过程与全方位结合的人才激励机制,创造灵活的科研创新环境和柔性管理方式,特别是赋予科研人员更多的参与权和自主决策权,并建立基于科技成果转化为目标的人才激励机制,强化责任共担与利益共赢;

(6) 鼓励并建立多元化的对外交流与协作方式,推进更高水平的对外开放,如积极参与国际合作研究、举办前瞻性技术交流研讨会、牵头成立战略联盟、联合培养人才等,保障与外界新知识、新技术的交换与融合;

(7) 探索建立以市场为导向的产业技术研发预评估机制,发展与市场更加紧密结合的合作模式。加快推进大数据服务平台和动态技术需求库的建设,通过互联网发布并征集技术服务与需求信息,引导服务产业和企业有效利用科技信息,满足新型科研机构与用户的互动与沟通。

7.5 江苏省新型科研机构成长机制的优化逻辑

7.5.1 目标逻辑：四个理论与目标选择

(1) 大目标：科技创新体系发展。新型科研机构是国家和区域创新生态系统的重要组成部分，同时也是推动产业升级和结构优化的基础保障。由于新型科研机构作为创新服务的载体与平台，集聚多方创新主体的资源与面向国际吸引行业顶尖人才，整合各地区、各行业的科研机构、高校、企业等创新资源，形成协同创新的合力。新型科研机构将政府、科研机构、高校、企业等主体形成了一个"产学研政"合作共赢的创新生态系统，旨在加速技术知识向企业流动，促进产学研相互协作，提高科技成果转化率，最终促使科技创新发展。

(2) 小目标：新型科研机构自身健康长远发展。在满足科技创新发展这一大目标的前提下，考虑新型科研机构自身健康长远发展这一小目标。新型科研机构主要任务是为高科技产业和企业提供技术支持和服务，解决产业发展中的技术难题和瓶颈，为新兴产业的孵化提供必要的支持和保障；成功的新型科研机构要具有一支高水平、专业化的人才队伍；要兼顾在前沿科技研究上执着追求和对科技成果产业化的强烈愿望；通过深入了解市场需求和产业发展趋势，机构能够有针对性地开展研发工作，解决实际问题，还能够培育出更多具有创新精神和实践能力的人才，弥补创新体系建设中的薄弱环节；通过科技成果转化衍生企业，不仅能够推动产业的发展，还能够促进区域经济的全面发展，实现经济的可持续增长。

7.5.2 优化逻辑：成长机制理论框架

根据国内外新型科研机构的成功发展经验、实地调研情况以及本书第六章和第七章中实证检验的结果，从以下五个维度优化江苏新型科研机构市场化成长机制的框架。(1) 创新环境。新型科研机构的发展必然会受到外部环境的影响，一方面受到政策环境、产业环境、信息技术水平和知识产权保护制度等环境约束；另一方面会受到区域科技和经济发展水平的影响。(2) 内部体制机制。在创新环境背景下，新型科研机构的市场化成长机制建设依赖于内部的体制机制创新，这是新型科研机构的内在优势。内部体制机制的创新具体体现在现代科研机构管理制度的设计、开放灵活的组织治理结构、市场化运行机制、用人机制、激励机制、考核评价机制等方面,是新型科研机构市场化成长机制建设的内部保障。一方面,这种创新的体制机制能及时应对外部环境的变化,满足产业和市场的需求;另一方面,体制机制的创新能对创新行为产生激励作用,并保证内部各环节协调和高效地运行,使科研机构内部形成强大的凝聚力。(3)资源能力。资源能力维度是新型科研机构核心竞争力的主要来源,也是新型科研机构市场化成长机制建设的前提。掌握充足的资源能力,就能在创新市场中占据竞争优势,未来新型科研机构的发展会更多地依赖于资源的占据,尤其是高端人才、前沿技术以及信息等重要资源。(4)协同协作。新型科研机构的多方投资主体之间需要相互交流协作,与政府、企业、科研院所、国际顶尖创新团队等通过一系列手段协同创新,发挥好创新主体沟通的平台作用,以及创新资源集聚的功能。协同合作维度是新型科研机构市场化成长机制建设的外部保障,该维度能促使不同创新主体的知识源、人才源、信息源、技术源等创新资源集聚与融合,并在科研机构内部创造出新的成果。(5)成果转化渠道。成果转化是创新技术输出的窗口,是新型科研机构最终的目标。通过畅通的成果转化渠道,形成对科技研发的反哺,带动科技、产业、经济共同发展。该维度体现了多种成果转化的渠道,形成价值的创造与延展,是新型科研机构持续发展的动力。这五个维度构成了一个有机整体,促使新型科研机构市场化成长机制的建设与发展(何帅和陈良华,2018)。具体框架见下表7-3。

表7-3 江苏新型科研机构成长机制的理论框架

维度名称	具体体现
创新环境	政府鼓励、扶持以多种形式创办的新型科研机构
	明确人才引进、科技人才贡献回报、成果转化、税收补贴等优惠政策
	知识产权法律制度完善
	有稳定的财政资金支持,并给予充分的资金自主使用权
	科技金融服务体系完善
	有较好的产业配套和研发基础环境,区域创新资源丰富

续表

维度名称	具体体现
内部体制机制	建立健全现代科研机构制度,制定科研机构章程,完善治理结构;建立科研经费管理制度、财务会计制度、项目评审和筛选制度、知识产权管理制度等
	建立理事会领导下的院长负责制,采用开放灵活、扁平化的组织结构
	建立市场化运行机制,建立完备的信息交流渠道、项目动态管理机制,建立竞争性和差异化的研发资金分配制度
	建立开放、竞争、流动的聘任制度和人才培养机制,重视研发团队建设
	建立基于绩效目标的科研激励机制、破格提拔机制、鼓励创新机制,引入股权激励、基金激励、分红激励等,建立以人才激励为导向的科技成果转化收益分配机制
	建立以创新绩效为导向的全面考核评价机制
资源能力	拥有高层次人才队伍,人员构成多样化、国际化,组建创新型团队
	资金渠道多元化,有财政资金、企业资金、科技园、银行、保险、证券、股权基金等金融资本,有天使投资、风险投资等社会资本的支持
	创新基础设施齐全,拥有研发实验室、工程技术中心等创新平台
	具备技术创造和应用的能力,拥有专利、高科技先进技术、互联网技术等技术资源
	建立大数据信息系统,掌握市场需求、产业动态、前沿技术、世界先进研究成果等信息资源
协同合作	以重大技术攻关、科技项目、共建公共技术服务平台和产业协同创新中心等为目标与多个创新主体开展合作研究
	鼓励大型企业积极参与涉及本行业的科研项目,通过合同科研、接受委托、共建实验室、派出企业特派员等多种方式与企业建立长效合作机制
	产学研深度融合,注重强化研究机构间与机构内的多学科融合和交叉
	建立资源共享机制,与服务对象共享人、财、物等各类资源
	积极开展国际合作研究,加强前瞻性技术信息交流,在海外设立研究机构
成果转化	通过合同科研、授权、有偿的方式向企业转移扩散技术,提供技术支持和跟踪服务
	通过互联网技术建立科技成果转化服务信息系统
	提供以技术入股、管理入股等多种形式推动有市场潜力的科技成果,与其他创新主体共同组建或衍生高新技术企业
	运用科研资源与资金优势,建设投资平台进行投资与企业孵化

第八章

政策与建议的提出

根据江苏新型科研机构的发展现状,结合新型科研机构成长机制研究成果,综合江苏省具体地方特色,本书提出详细具体、切实可行的政策建议。

8.1 优化顶层设计和完善创新发展环境

1. 优化顶层设计

江苏省政府与各级行政单位应该优化新型科研机构成长机制的顶层设计工作。一是应加强统筹规划。政府要从顶层设计并制定全省统一的新型科研机构建设指导意见,建立数据共享平台,推动各部门及地方政府协同发展各类型新型科研机构。二是明确发展目标、功能定位及细化共建期的任务目标。具体而言,统领机构的发展目标与功能定位,结合地方发展需要,在共建协议签订前做好机构的需求分析及可行性分析。三是建立分类管理评价机制。适当提高建设门槛,避免申报与认定条件过于宽泛或水平过低。同时,推动地方政府建立差异化分类评价体系,开展以产业应用为导向的监测评价、绩效评优、动态调整与淘汰更新等工作。

2. 完善创新发展环境

完善关于新型科研机构的法律法规。提议在省政府或政府办公厅的名义下制定专门政策或指导意见,统筹协调本省新型科研机构,促进各个机构之间的合作与协同,提升整体创新能力和科研水平。重点围绕着政府科研项目承担、知识产权保护、引进高层次人才的医保、社保、住房、子女上学、科技人才贡献回报、成果转化、科技金融的支持、进口设备免税优惠等突出问题，研究修订相关政策，鼓励、扶持以多种形式在省内创办新型科研机构，完善高层次人才引进政策，鼓励专业技术人员以知识产权入股，大力发展知识产权经营企业，允许高校院所研发人员到企业兼职或自主创业等。

要合理确定新型科研机构的身份，明晰其在创新体系中的定位和功能。发挥政府机构的引导作用，科学设置各类新型科研机构，对不同类型、不同领域的机构实施分类指导，避免建立过多功能重合的机构。建议制定"新型科研机构管理办法"，每年开展备案认定工作。"新型科研机构管理办法"应对申报和认定、管理与评估、权利与义务等方面内容予以规定，保障其能在法律规范的范围内独立自主运行，尽量减少外部各方面的干扰。

建立多元化、多渠道的资金投入体系，完善科技金融服务体系。第一，提高各级政府对科技研发的资金投入，要促进科技创新与金融、产业融合发展。在基础研究领域发挥政府投入的主导作用，完善科技融资体系，加快推动设立省级种子基金、探索知识产权质押融资贷款贴息扶持政策、建立科技银行等。第二，建立专项资金支持新型科研机构的发展，作为初始资金以促进这些机构的建设，并引导社会各界投资，逐渐由以政府投入为主向社会投资为主转变。第三，新型科研机构亟需形成多元且相对灵活的投入主体，可参与投资的实体包括上市公司、高新技术企业、国有企业、高校与科研院所、科技园、风险投资等。树立江苏新型科研机构发展的典型案例，通过多渠道宣传推广其成功经验与发展特色，营造新型科研机构发展的良好创新氛围。

3. 加快成果转化，促进创新链与产业链融合

一是要建立"全链条式孵化"机制。支持搭建技术熟化中心、中试基地、技术新产品上市推广、投融资孵化等功能性平台，实现创新链、产业链、资本链、服务链的有机结合，形成从团队科技创新到企业孵化再到产业孵化的全链条式孵化机制。二是要加快成果熟化进程。深度融合企业，促进产品设计与研发前期的融通；建立"研—用"协作的团队，促使研发成果不断在企业的生产实践中"熟化"。三是探索多元主体利益相融机制，深化职务科技成果赋权、国资国企"投早、投小、免责"机制等改革试点，调动各主体的积极性、主动性和创造性。四是在科研组织模式上，将实验室研究、工程化应用、产业化推广充分结合起来。在合作对象上，通过数字技术赋能，精准把握用户需求，与

企业用户、领先用户合作起来;在合作交流上,谋划建设"环大学创新生态圈",打造类似波士顿肯德尔广场的标志性创新交流平台。

8.2 强化政府作用和实现机制突破

1. 强化政府作用

市场化是新型科研机构发展的活力源泉,需要紧密结合市场"无形之手"与政府"有形之手"。第一,新型科研机构建设是一项需要创新思维和系统性规划的任务,在这个过程中,各级政府及相关部门需要共同协调、密切配合,形成合力。建议由省级政府牵头,各地区各部门齐心协力,以促进科技创新和经济发展的协同推进。同时编制"江苏新型科研机构中长期发展规划",引导地市探索建立满足不同层次、不同领域创新需求的新型科研机构。新设立的新型科研机构要从区域和产业发展实际需求出发,在功能上避免重复。第二,政府应把握好恰当的支持力度和时机,做到收放有度,管控有序。在新型科研机构建设初期,政府应加大指导和引导的力度,投入部分启动资金和运作资金,给予新型科研机构充分的资金使用自主权和用人自主权,并适度监控其总体运行方案和过程。在新型科研机构进入正规运作阶段后,能够使机构独立运行以便更加灵活地应对市场变化和科研需求,从而具备"自身造血"功能。政府在此过程中扮演着重要的角色,应该建立退出机制,适时撤出对机构的直接资助,从而鼓励其在市场中持续运营。这一退出过程可以采用政府控股的方式逐步回收初期的投资,或者要求机构在发展过程中承担更多的社会责任来消化政府的行政性拨款。

2. 实现机制突破

第一,建议出台江苏新型科研机构分类指导政策管理办法,统领省内新型科研机构的发展目标与功能定位,推动地方政府建立尽快建立新型科研机构的分类考核评价指标体系。评价标准要与其服务企业的绩效直接挂钩,定期对新型科研机构运行效果进行监测评价与动态调整,并以此作为激励机制的基础。第二,新型科研机构并不是传统科研机构的增量补充,而是对产学研深度融合的创新联合体的一种有益尝试。因此,可以在省市县各层级大力开展,特别是引导科技资源匮乏地区通过建立新型科研机构缓解科技供给与科技需求的空间错配问题。新型科研机构的建设重点应聚焦于产学研融合问题。根据融合观,新型科研机构的发展方向要重点围绕产学研的紧密融合,找到问题的主要矛盾,探索建立产学研深度融合的体制机制,打通产学研融合堵点。

8.3 实施名牌化和走国际化道路

1. 打造品牌形象,树立榜样引导

江苏各地方建设新型科研机构时应加强统筹规划,从区域和产业发展实际需求出发,避免一哄而上。要坚持走规模化、网络化、国际化发展道路,集中优势力量做大做强,避免小而散、重复建设。建议实施"新型科研机构品牌培育工程",重点培育一批有示范带动作用的新型科研机构,支持社会组织建立以信用为中心的评价体系和激励机制,逐步形成科技服务新型品牌的培育模式;建立并强化突出的专业优势和品牌特色,不断提升研发技术水平并加速科技成果输出,扩大国际知名度,致力于建设成为具有国际影响力的高端创新服务平台,供应全球化、专业化和品牌化的创新服务。

2. 引导新型科研机构实现集群化发展

在全省的重点园区和关键地域设立"新型科研机构发展示范基地",旨在为入驻机构提供政策支持和优惠,以促进其向重点产业园区和产业聚集区集中发展。这一举措有助于推动科技创新资源的聚集,同时激发机构开拓市场资源的能力和活力。协助创新能力落后的省内地区提升科技创新水平是一项复杂而重要的任务,可与高校和科研机构合作,结合中小企业的创新需求,设立创新服务平台,为企业提供技术研发、检测和知识产权等支持。在此基础上,进一步创新合作机制和模式,通过提升产业技术创新联盟和行业协会的角色,促成新型科研机构的形成。新设立的新型科研机构在功能上要标新立异,应规范化、程序化,避免重复,支持探索建立满足不同层次、不同领域创新需求的新型科研机构。由于资源和能力的限制,在起始阶段,新型科研机构的功能设置应该着重于突破某一领域或某一方面问题,而不是追求全面覆盖。随着机构逐渐稳定运行,新型科研机构应在此基础上逐步拓展研究领域,实现多方面的发展平衡。

3. 坚持走国际化道路

在发展的任何阶段,新型科研机构都应始终着力于通过集聚国内外创新资源,来构建开放型的科研体系。在机构组建阶段,通过引进国际前沿领军人才和创新创业团队,为新型科研机构引入"灵魂";在机构发展阶段,实施国际化人才招聘策略,组建一支国际化、多元化的技术研发核心力量,积极参与国际合作与竞争,丰富新型科研机构的"血肉"。应设法在亚太、美洲和欧洲等六大全球区域设立研究机构,效仿华大基因研究院的做法,引进国际顶尖人才;同时,与国际知名企业和研究机构展开合作,迅速在关键技术上获得突破,进而促进相关产业发展。

8.4 强化人才培养和市场化运行机制

1. 强化人才管理和培养

科技领先首先要人才领先,人才是实施创新驱动发展战略的第一资源。江苏新型科研机构的建设一定要把其重要职能摆到技术创新和高素质人才的吸引与培养上来,同时为企业和产业发展提供技术和人才的支撑。第一,提供有利于引进和培育科技创新人才的良好环境和有效机制,保障人才战略的长期与稳定,合理利用国际、国内两大市场配置创新人才资源,创建有利于国际竞争的政策环境与人才机制,集聚全球高端科技人才。第二,组建具有高层次、国际化背景的科技创新人才团队,吸纳国际顶尖人才,重点识别科技创新人才的"专业性"与"多样性",注重强化多学科集成和产学研深度融合,满足新型科研机构内部知识结构的丰富性,打造高质量的专业化队伍。同时,建立人才的柔性流动机制,不断创新简洁化与人性化的用人方式,形成开放、流动、稳健的人才队伍。第三,强化对项目负责人的挖掘与保护。项目负责人关系到整个核心团队成员的业务能力,其遴选至关重要,一定要选择该领域内具有长远战略眼光的高层次创新人才。在后期应通过特殊优惠政策和条件重点保护科研实力强、综合素质高的项目负责人。第四,鼓励新型科研机构建立全过程激励模式,采用多维组合的激励方式,在研发至转化的各环节配套设置激励方案。鼓励探索新颖的激励机制,赋予研发人员更多的自主权与参与决策权,创建一个以人才激励为核心的分配机制,以促进科技成果的转化。第五,新型研发机构的团队除了专业化的技术之外,还必须具有综合运作能力,要大力培养创新发展紧缺的既懂技术又懂市场和管理、善于挖掘并利用市场机会的高层次科技创新复合型人才。同时,为省内高校的硕士生和博士生提供开展应用研究的机会,培养高层次的技术创新人才。第六,通过多种途径支持企业和产业的发展,促进技术的迁移。尤其需要建立起人才的流动机制,重视利用信息传播、技术转移、新企业创建、合同研发、科技孵化器等多种方式将人才和技术整合,向产业和企业转移。同时,持续吸引大学和海外留学人员的加入,以增强活力,维持人才和技术的良性循环。

2. 强化市场化运行机制

强化江苏新型科研机构自身的市场化运行机制。第一,江苏新型科研机构应持续突破现有的灵活性、自主性和开放性,不断创新其管理模式,建立与市场更加紧密结合的商业模式。江苏新型科研机构应为企业和产业的发展提供多种集成的支持和服务,以市场需求为导向,将基础科研与产业化紧密结合,致力于将研究成果向产业化推广,拓宽其与市场的输出与交换能力。建议可在新型科研机构内部成立产业经济与趋势研究中心,邀请产业界的企业人员参与分析产业发展趋势和研发需求,判断所选项目是否有利于提升江苏现有产业技术水平、技术产业化成功的可能性及技术的选择是否能够达到国际先进和领先水平等,以此引导江苏新型科研机构更好地围绕产业和企业发展需求快速发展。第二,建立多元化、多渠道的资金投入与使用体系,特别是要重视资金筹集、资金使用与资金再投入之间的循环联动,通过机制设计促使各部分实现系统性关联与协同耦合,推动新型科研机构资金的可持续循环发展。鼓励引导新型科研机构运用多元投资混合制的方式孵化企业,吸引科技金融资本投入,通过固定回报或直接参股等形式获取投资收益。第三,建立内部竞争的研发资金分配制度并加大竞争性科研经费的比例,引进间接经费制度。通过对研发资金的分配来管理研究项目,定期进行科学评价,保证决策信息透明与公开。第四,强化以共享为核心价值观的创新文化氛围,大力弘扬"敢于冒险、勇于创新、崇尚竞争、宽容失败"的创新创业文化。避免出现急于求成和急功近利的思想,真正做到以研发为本。鼓励全员创新、岗位创造,最大限度地激发科技人员创新创造活力。

3. 强化"自我造血"能力

一方面,大力推动运营模式企业化,尝试采用多元化出资模式,如"人才团队+地方国资+社会资本",建立混合所有制公司,并构建新的股权结构,以解决启动资金不足的问题,充分发挥多方参与的建设作用。另一方面,必须持续改进内部管理体制,外部发挥"联络站"作用,内部发挥"助推器"作用,鼓励新型研发机构通过技术联盟、协同创新等方式融入本地创新网络,与国内外顶尖科研机构和企业开展合作,整合跨界资源,提升市场拓展能力。同时,需要坚持研发面向产业化,支持新型研发机构承接"揭榜挂帅"项目,引入职业经理人和专业化运营团队,着力提高新型科研机构运营与风险管控水平。

8.5 构建多元化合作方式和联合平台

江苏新型科研机构要搭建连接国内外协同科技创新的桥梁,发挥吸引、集聚并培育人才的平台功能,成为科技创新资源的蓄水池,高效衔接并整合全球优质创新资源。

第一,加强与企业和其他创新主体的合作,打破现有机构之间的僵化格局,打造多边与双边的科技合作机制,与政府、企业、科研院所、国际顶尖创新团队等建立紧密长期的合作关系。始终保持新型科研机构的开放性,鼓励建立多元化的对外交流与协作方式,如积极参与国际合作研究、举办前瞻性技术交流研讨会、牵头成立战略联盟、联合培养人才等,以保障与外界新知识、新技术的交换与融合,提高创新资源的使用效率并创造价值,实现优势互补、互利共赢。

第二,依托并整合区域科研实力雄厚的高校、科研院所和企业,共建科技创新支撑平台、开放型科技产业综合载体或行业共同的研发平台,协会、联盟和企业在协同创新联盟的整体架构下,共同整合各方资源,共建产业协同创新中心,发挥产学研合作的桥梁和纽带作用。同时,设立开放实验室,建立创业培育中心,设立孵化器和投资公司,推动基于创新技术的投资创业活动和企业孵化。高效集聚和利用各方面的创新资源,形成"总平台集聚资源、分中心纵深发展"的发展格局,引领产业升级并满足战略性新兴产业发展的需求。

第三,着力建设大数据服务平台,通过互联网发布技术服务与需求信息,促进产业和企业有效利用科技信息,加强新型科研机构与用户的互动与沟通。

参考文献

[1] 蔡莉,柳青,2007.新创企业资源整合过程模型[J].科学学与科学技术管理,28(2):95-102.

[2] 蔡跃洲,2015.科技成果转化的内涵边界与统计测度[J].科学学研究,33(1):37-44.

[3] 曹家栋,2021.新型研发机构网络协同创新运行机理研究[D].杭州:浙江大学.

[4] 曹静,范德成,唐小旭,2009.产学研结合技术创新合作机制研究[J].科技管理研究,29(11):50-52.

[5] 常洁,乔彬,2020.科技型中小企业产学研协同创新绩效评价[J].统计与决策,36(6):185-188.

[6] 陈宝明,刘光武,丁明磊,2013.我国新型研发组织发展现状与政策建议[J].中国科技论坛(3):27-31.

[7] 陈红梅,2016.新型研发机构运行机制研究[D].广州:中共广东省委党校.

[8] 陈劲,阳银娟,2012.协同创新的理论基础与内涵[J].科学学研究,30(2):161-164.

[9] 陈良华,何帅,李宛,2023.新型科研机构的本质特征与运行机制[J].江苏社会科学(3):148-158,243-244.

[10] 陈培樗,屠梅曾,2007.产学研技术联盟合作创新机制研究[J].科技进步与对策,24(6):37-39.

[11] 陈宇山,陈雪,2015.国内发展新型科研机构的举措和动向分析[J].科技管理研究,35(21):43-47.

[12] 陈子韬,孟凡蓉,王焕,2017.科技人力资源对科技创新绩效的影响:基于企业和高校机构的比较[J].科学学与科学技术管理,38(9):173-180.

[13] 丁红燕,李冰玉,宋姣,2019.新型研发机构创新发展机制研究[J].山东社会科学(3):125-130.

[14] 董保宝,葛宝山,王侃,2011.资源整合过程、动态能力与竞争优势:机理与路径[J].管理世界,27(3):92-101.

[15] 董建中,林祥,2012.新型研发机构的体制机制创新[J].特区实践与理论(6):28-32.

[16] 付丙海,谢富纪,韩雨卿,2015.创新链资源整合、双元性创新与创新绩效:基于长三角新创企业的实证研究[J].中国软科学(12):176-186.

[17] 傅首清,2010.区域创新网络与科技产业生态环境互动机制研究:以中关村海淀科技园区为例[J].管理世界,26(6):8-13.

[18] 苟尤钊,林菲,2015.基于创新价值链视角的新型科研机构研究:以华大基因为例[J].科技进步与对策,32(2):8-13.

[19] 韩凤芹,马羽彤,2021.构建新型院所的双层治理体系:以江苏产研院为例[J].科学学研究,39(9):1613-1620,1696.

[20] 韩国元,武红玉,孔令凯,等,2017.知识存量对科技成果转化影响机理研究:知识距离的中介作用和学习能力的调节作用[J].科技管理研究,37(6):173-179.

[21] 何慧芳,龙云凤,2014.国内新型科研机构发展模式研究及建议[J].科技管理研究,34(13):16-19.

[22] 何帅,陈良华,迟颖颖,2024.新型科研机构创新绩效驱动因素的动态仿真研究[J].科技管理研究,44(1):77-86.

[23] 何帅,陈良华,2019.新型科研机构创新绩效的影响机理研究[J].科学学研究,37(7):1306-1315.

[24] 何帅,陈良华,2018.新型科研机构的市场化机制研究:基于理论框架的构建[J].科技管理研究,38(21):107-112.

[25] 洪银兴,2014.产学研协同创新的经济学分析[J].经济科学(1):56-64.

[26] 胡罡,章向宏,刘薇薇,等,2014.地方研究院:高校科技成果转化模式新探索[J].研究与发展管理,26(3):122-128.

[27] 黄广鹏,刘贻新,梁霄,2020.基于"一轴双核三螺旋"模型的新型研发机构运作机理及其治理策略[J].科技创新发展战略研究,4(4):59-67.

[28] 黄水芳,2020.新型研发机构创新绩效的影响因素及组合效应研究[D].广州:广东工业大学.

[29] 嵇忆虹,倪锋,王宏,等,1998.产学研合作模式的探讨与分析[J].大连海事大学学报,24(1):90-94.

[30] 姜文宁,罗津,关汉男,2020.区域高校资源禀赋、产学研合作强度与企业创新绩效[J].上海交通大学学报(哲学社会科学版),28(1):75-86.

[31] 蒋舒阳,庄亚明,丁磊,2021.产学研基础研究合作、财税激励选择与企业突破式创新[J].科研管理,42(10):40-47.

[32] 解学梅,2015.企业协同创新影响因素与协同程度多维关系实证研究[J].科研管理,36(2):69-78.

[33] 解学梅,2010.中小企业协同创新网络与创新绩效的实证研究[J].管理科学学报,13(8):51-64.

[34] 解学梅,左蕾蕾,2013.企业协同创新网络特征与创新绩效:基于知识吸收能力的中介效应研究[J].南开管理评论,16(3):47-56.

[35] 金培振,殷德生,金桩,2019.城市异质性、制度供给与创新质量[J].世界经济,42(11):99-123.

[36] 康晓婷,2021.基于SEM的新型研发机构协同网络与创新绩效影响关系研究[D].杭州:浙江大学.

[37] 赖志杰,任志宽,李嘉,2017.新型研发机构的核心竞争力研究:基于竞争力结构模型及形成机理的分析[J].科技管理研究,37(10):115-120.

[38] 李栋亮,陈宇山,2013.广东新型科研创新机构发展的现状与对策[J].科技管理研究,33(3):99-101.

[39] 李孔岳,2006.科技成果转化的模式比较及其启示[J].科技管理研究,26(1):88-91.

[40] 李廉水,1997.试析我国产学研合作创新发展的障碍[J].世界科技研究与发展,19(2):86-88.

[41] 李培楠,张苏雁,2019.面向科技强国的科技评价制度需要科技体制的结构性变革[J].中国科学院院刊,34(5):552-559.

[42] 刘本盛,2000.关于"产学研"有机结合的模式研究[J].管理世界,16(6):200-201.

[43] 刘鑫,王秀丽,2009.产学研合作的超循环模型[J].内蒙古工业大学学报(社会科学版),18(1):28-30.

[44] 刘学元,丁雯婧,赵先德,2016.企业创新网络中关系强度、吸收能力与创新绩效的关系研究[J].南开管理评论,19(1):30-42.

[45] 刘贻新,冯秀山,罗嘉文,等,2020.SNM视角下新型研发机构发展质量提升路径与策略[J].广东工业大学学报,37(4):105-110.

[46] 陆竹,2019.基于CAS理论的新型科研机构成长运行机理与实证研究[J].科学管理研究,37(5):51-55.

[47] 路甬祥,1998.建设面向知识经济时代的国家创新体系[J].世界科技研究与发展,20(3):70-72.

[48] 吕亮雯,李炳超,2017.基于协同创新的公益类科研机构创新绩效评价指标体系

构建与实证研究[J].科技管理研究,37(4):50-54.

[49] 马文聪,范明明,张光宇,等,2021.双元创新理论视角下新型研发机构运行机制的多案例研究[J].中国科技论坛(4):64-74.

[50] 马文静,胡贝贝,王胜光,2022.基于新型研发机构的知识转移逻辑[J].科学学研究,40(4):665-673.

[51] 马玉根,2007.科技中介服务在区域创新系统中的功能研究[J].科技创业月刊,20(2):16-18.

[52] 毛义华,曹家栋,方燕翎,2022.基于ISM的新型研发机构影响因素分析[J].科研管理,43(8):55-62.

[53] 孟溦,宋娇娇,2019.新型研发机构绩效评估研究:基于资源依赖和社会影响力的双重视角[J].科研管理,40(8):20-31.

[54] 米银俊,刁嘉程,罗嘉文,2019.多主体参与新型研发机构开放式创新研究:战略生态位管理视角[J].科技管理研究,39(15):22-28.

[55] 潘松挺,蔡宁,2010.企业创新网络中关系强度的测量研究[J].中国软科学(5):108-115.

[56] 戚湧,朱婷婷,郭逸,2015.科技成果市场转化模式与效率评价研究[J].中国软科学(6):184-192.

[57] 权小锋,刘佳伟,孙雅倩,2020.设立企业博士后工作站促进技术创新吗:基于中国上市公司的经验证据[J].中国工业经济(9):175-192.

[58] 任志宽,2019.新型研发机构产学研合作模式及机制研究[J].中国科技论坛(10):16-23.

[59] 沙德春,王文亮,2014.校企合作创新网络发展对策研究[J].技术经济与管理研究(8):21-25.

[60] 孙兆刚,2006.基于自主创新主体地位的国家创新系统[J].科技管理研究,26(9):232-234,241.

[61] 谈力,陈宇山,2015.广东新型研发机构的建设模式研究及建议[J].科技管理研究,35(20):45-49.

[62] 陶晓丽,王海芸,王新,2015.北京市科技成果评价指标体系参考元素设计与测评:以基础研究类为例[J].科技和产业,15(7):80-85.

[63] 田国华,张胜,2019.中国大型科技成果转化模式研究:来自煤制低碳烯烃技术的案例[J].科技进步与对策,36(5):26-32.

[64] 王进富,兰岚,2013.产学研协同创新路径研究:基于知识产权归属视角[J].科技管理研究,33(21):123-128.

[65] 王顺兵,2011.我国科技成果转化的困境及对策分析[J].科技管理研究,31(5):52-54.

[66] 王勇,王蒲生,2014.新型科研机构模型兼与巴斯德象限比较[J].科学管理研究,32(6):29-32.

[67] 魏守华,王英茹,汤丹宁,2013.产学研合作对中国高技术产业创新绩效的影响[J].经济管理,35(5):19-30.

[68] 吴卫,银路,2016.巴斯德象限取向模型与新型研发机构功能定位[J].技术经济,35(8):38-44.

[69] 夏太寿,张玉赋,高冉晖,等,2014.我国新型研发机构协同创新模式与机制研究:以苏粤陕6家新型研发机构为例[J].科技进步与对策,31(14):13-18.

[70] 熊鸿儒,2021.我国产学研深度融合的短板和挑战在哪里?[J].学习与探索(5):126-133.

[71] 熊肖雷,李冬梅,2016.创新环境、协同创新机制与种业企业协同创新行为:基于要素流动视角和结构方程模型的实证研究[J].科技管理研究,36(12):158-165.

[72] 徐欣,刘梦冉,2020.产学研联盟与企业技术多元化:基于发明专利IPC信息的研究[J].科学学研究,38(10):1858-1867.

[73] 颜慧超,2007.科技中介组织在区域创新体系中的作用[J].统计与决策,23(17):124-126.

[74] 杨小婉,朱桂龙,吕凤雯,等,2021.产学研合作如何提升高校科研团队学者的学术绩效:基于行为视角的多案例研究[J].管理评论,33(2):338-352.

[75] 曾国屏,林菲,2014.创业型科研机构初探[J].科学学研究,32(2):242-249.

[76] 张凤,霍国庆,2007.国家科研机构创新绩效的评价模型[J].科研管理,28(2):35-42.

[77] 张光宇,刘苏,刘贻新,等,2021.新型研发机构核心能力评价:生态位态势视角[J].科技进步与对策,38(8):136-144.

[78] 张虎,杨柳,何为,2017.高校科技成果转化的现状与症结[J].科研管理,38(S1):676-679.

[79] 张继东,张鉴炜,肖加余,等,2015.高校技术转移与服务类科技评价机制研究[J].科研管理,36(S1):335-339.

[80] 张守华,2017.基于巴斯德象限的我国科研机构技术创新模式研究[J].科技进步与对策,34(20):15-19.

[81] 张羽飞,原长弘,张树满,2022.产学研融合程度对科技型中小企业创新绩效的影响[J].科技进步与对策,39(9):64-74.

[82] 张雨棋,2018.我国新型研发机构的运行机制研究:基于"行动者网络理论"[D].北京:北京化工大学.

[83] 张玉磊,张光宇,马文聪,等,2022.什么样的新型研发机构更具有高创新绩效:基于TOE框架的组态分析[J].科学学研究,40(4):758-768.

[84] 章芬,原长弘,郭建路,2021.新型研发机构中产学研深度融合:体制机制创新的密码[J].科研管理,42(11):43-53.

[85] 赵剑冬,戴青云,2017.广东省新型研发机构数据分析及其体系构建[J].科技管理研究,37(20):82-87.

[86] 赵树宽,姜红,陈丹,2005.吉林老工业基地区域科技创新体系研究[J].吉林大学社会科学学报,45(1):109-115.

[87] 赵喜仓,李冉,吴继英,2009.创新主体与区域创新体系的关联机制研究[J].江苏大学学报(社会科学版),11(2):68-72.

[88] 赵志耘,杜红亮,2011.我国科技成果转化过程监测指标体系探讨[J].中国软科学(11):8-14.

[89] 郑小平,2006.国家创新体系研究综述[J].科学管理研究,24(4):1-5.

[90] 钟荣丙,2008.国家创新体系的系统构成及建设重心[J].系统科学学报,16(3):59-64.

[91] 仲伟俊,梅姝娥,谢园园,2009.产学研合作技术创新模式分析[J].中国软科学(8):174-181.

[92] 周恩德,刘国新,2017.创新驱动背景下湖北新型研发机构培育策略研究[J].湖北社会科学(7):52-58.

[93] 周恩德,刘国新,2018.我国新型研发机构创新绩效影响因素实证研究:以广东省为例[J].科技进步与对策,35(9):42-47.

[94] 周君璧,汪明月,胡贝贝,2023.平台生态系统下新型研发机构价值创造研究[J].科学学研究,41(8):1442-1453.

[95] 朱建军,蔡静雯,刘思峰,等,2013.江苏新型研发机构运行机制及建设策略研究[J].科技进步与对策,30(14):36-39.

[96] 庄涛,吴洪,2013.基于专利数据的我国官产学研三螺旋测度研究:兼论政府在产学研合作中的作用[J].管理世界,29(8):175-176.

[97] Allen K R, Taylor C C, 2005. Bringing engineering research to market: how universities, industry, and government are attempting to solve the problem Management variables[J]. Engineering Management Journal,17(3):42-48.

[98] Asheim B T, Isaksen A, 2002. Regional innovation systems: the integration of local "sticky" and global "ubiquitous" knowledge[J]. The Journal of Technology Transfer,27(1):77-86.

[99] Atlan M, Geman H, Madan D B, et al,2007. Correlation and the pricing of risks[J]. Annals of Finance, 3(4):411-453.

[100] Bodas Freitas I M, Geuna A, Rossi F, 2013. Finding the right partners: Institutional and personal modes of governance of university-industry interactions[J].

Research Policy,42(1): 50-62.

[101]Branscomb L, Philip E, et al,2003. Taking technical risks: How innovators executives, and investors manage high tech risks [M]. The MIT Press.

[102] Brezis E S, 2007. Focal randomisation: an optimal mechanism for the evaluation of R&D projects[J]. Science and Public Policy,34(10): 691-698.

[103] Busom I,2000. An empirical evaluation of the effects of R&D subsidies[J]. Economics of Innovation and New Technology, 9(2): 111-148.

[104] Carayannis E G, Rogers E M, Kurihara K, et al,1998. High-technology spin-offs from government R&D laboratories and research universities[J]. Technovation, 18(1): 1-11.

[105] Christopher F, 1992. The Economics of Hope [M]. London: Pinter Publishers.

[106] Coccia M,2008. Measuring scientific performance of public research units for strategic change[J]. Journal of Informetrics, 2(3): 183-194.

[107] De Fuentes C, Dutrénit G,2016. Geographic proximity and university-industry interaction: the case of Mexico [J]. The Journal of Technology Transfer, 41 (2): 329-348.

[108] Dollinger M J, 1995. Entrepreneurship: Strategies and Resources [M]. Boston: Marsh Publications.

[109]Eleni T, Pierre P,2019. Exploring the differences in collaborative innovation: A comparative analysis[J]. Journal of Business Research, 101: 1-10.

[110] Etzkowitz H, Leydesdorff L, 1998. A triple helix of university-Industry Government relations: Introduction [J]. Industry and Higher Education, 12 (4): 197-201.

[111] Etzkowitz H,1998. The norms of entrepreneurial science: cognitive effects of the new university-industry linkages[J]. Research Policy,27(8): 823-833.

[112] Gawer A, 2014. Bridging differing perspectives on technological platforms: Toward an integrative framework[J]. Research Policy,43(7): 1239-1249.

[113]George G, Zahra S A, Wood D R, 2002. The effects of university-industry collaboration on innovation performance[J]. Research Policy, 31(8): 1267-1276

[114] Granovetter M S, 1973. The strength of weak ties[J]. American Journal of Sociology,78(6): 1360-1380.

[115] Harris L, Coles A M, Dickson K,2000. Building innovation networks: issues of strategy and expertise[J]. Technology Analysis & Strategic Management, 12 (2): 229-241.

[116] Hemmert M, Bstieler L, Okamuro H, 2014. Bridging the cultural divide: Trust formation in university-industry research collaborations in the US, Japan, and South Korea[J]. Technovation, 34(10): 605-616.

[117] Johnston A, Huggins R, 2017. University-industry links and the determinants of their spatial scope: a study of the knowledge intensive business services sector[J]. Papers in Regional Science, 96(2): 247-261.

[118] Kafouros M, Wang C Q, Piperopoulos P, et al, 2015. Academic collaborations and firm innovation performance in China: The role of region-specific institutions[J]. Research Policy, 44(3): 803-817.

[119] Kamien M I, Muller E, Zang I, 1992. Research joint ventures and R&D Cartels [J]. American Economic Review, 82(5): 1293-1306.

[120] Kuby M, Barranda A, Upchurch C, 2004. Factors influencing light-rail station boardings in the United States[J]. Transportation Research Part A: Policy and Practice, 38(3): 223-247.

[121] Landry R, Amara N, Lamari M, 2002. Does social capital determine innovation? To what extent? [J]. Technological Forecasting and Social Change, 69(7): 681-701.

[122] Langford C H, Hall J, Josty P, et al, 2006. Indicators and outcomes of Canadian University research: proxies becoming goals? [J]. Research Policy, 35(10): 1586-1598.

[123] Laursen K, Salter A, 2004. Searching high and low: what types of firms use universities as a source of innovation? [J]. Research Policy, 33(8): 1201-1215.

[124] Lee Y S, 1996. "Technology transfer" and the research university: a search for the boundaries of university-industry collaboration [J]. Research Policy, 25(6): 843-863.

[125] Link A N, Rees J, 1990. Firm size and the use of cooperative research and development[J]. Review of Industrial Organization, 5(3): 305-314.

[126] López-Martínez R E, Medellín E, Scanlon A P, et al, 1994. Motivations and obstacles to university industry cooperation (UIC): a Mexican case [J]. R&D Management, 24(1): 17-30.

[127] Lundvall B, 1992. National Systems of Innovation: Towards a Theory of Innovation and Interactive Learning[M]. London: Pinter Publishers.

[128] Moulaert F, Hamdouch A, 2006. New views of innovation systems[J]. Innovation: the European Journal of Social Science Research, 19(1): 11-24.

[129] Nelson R R, 1987. Understanding technical change as an evolutionary process

[M]. New York: North-Holland Publishers.

[130] Nieto M J, Santamaría L, 2007. The importance of diverse collaborative networks for the novelty of product innovation[J]. Technovation, 27(6/7): 367-377.

[131] Nordfors D, Wessner C W, Sandred J, 2003. Commercialization of Academic Research Results [M]. Sweden: Vinnova Publishers.

[132] Organization for Economic Co-operation and Development, 1997. National Innovation System[R]. Paris: 7-11.

[133] Owen-Smith J, Powell W W, 2003. The expanding role of university patenting in the life sciences: assessing the importance of experience and connectivity[J]. Research Policy, 32(9): 1695-1711.

[134] Rhoten D, Parker A, 2004. Risks and rewards of an interdisciplinary research path[J]. Science, 306(5704): 2046.

[135] Richard B D, 2003. University-Industry Collaboration: Technology Demands for New Innovation Systems[J]. FED, 18-20.

[136] Roberts E B, Malonet D E, 1996. Policies and structures for spinning off new companies from research and development organizations[J]. R&D Management, 26(1): 17-48.

[137] Santoro M D, Gopalakrishnan S, 2001. Relationship dynamics between university research centers and industrial firms: their impact on technology transfer activities[J]. The Journal of Technology Transfer, 26(1): 163-171.

[138] Sears J, Hoetker G, 2014. Technological overlap, technological capabilities, and resource recombination in technological acquisitions [J]. Strategic Management Journal, 35(1): 48-67.

[139] Shane S, 2011. Academic Entrepreneurship: University Spin-offs and Wealth Creation[M]. Edward Elgar Publishing.

[140] Sicotte H, Langley A, 2000. Integration mechanisms and R&D project performance[J]. Journal of Engineering and Technology Management, 17(1): 1-37.

[141] Simonin B L, 1999. Ambiguity and the process of knowledge transfer in strategic alliances[J]. Strategic Management Journal, 20(7): 595-623.

[142] Subramanian A M, Venkatesh R, 2010. Enhancing university-industry collaboration: A conceptual framework [J]. International Journal of Technology Management, 52(1): 1-18.

[143] Thursby J G, Jensen R, Thursby M C, 2001. Objectives, characteristics and outcomes of university licensing: a survey of major U. S. universities[J]. The Journal of Technology Transfer, 26(1): 59-72.

[144] Valkokari K,2015. Business, innovation, and knowledge ecosystems: how they differ and how to survive and thrive within them[J]. Technology Innovation Management Review, 5(8): 17-24.

[145] Wright M, Clarysse B, Lockett A,et al,2008. Mid-range universities' linkages with industry: knowledge types and the role of intermediaries[J]. Research Policy,37(8): 1205-1223.

[146] Xing Y, Yan J,2018. Intellectual property protection and university-industry collaboration: an empirical study[J]. Journal of Technology Transfer, 43(3): 721-739.

[147] Yu Y, Zhang L, Zhao X, 2018. The role of knowledge transfer in the collaborative innovation ecosystem[J]. Technological Forecasting and Social Change, 130: 1-11.

[148] Zahra S A, George G,2002. Absorptive capacity: a review, reconceptualization, and extension[J]. Academy of Management Review, 27(2): 185-203.

附录一

新型科研机构创新机制调查问卷

尊敬的先生/女士:

您好!这是一份学术性调查问卷,旨在挖掘新型科研机构创新路径实现的影响因素,并在此基础上系统设计相应机制,帮助新型科研机构的持续长远发展。本问卷采用匿名形式,所有问题的答案没有对错之分,您只需要选择出反映您意见的答案即可。调研所得的信息仅用于学术研究,绝不会用于其他商业用途。您提供的信息对于开展本研究至关重要,谨代表东南大学经济管理学院感谢您参与此项学术研究,并提供宝贵的意见!

东南大学经济管理学院

第一部分 请判断以下陈述与贵单位实际情况的符合程度

(1—5分别表示非常不符合—非常符合,请在相应选项下做标记)

创新环境	非常不符合	不符合	一般	符合	非常符合
(1) 所处地区的政府制定了大力发展新型科研机构的相关制度和支持政策	1	2	3	4	5

续表

创新环境	非常不符合	不符合	一般	符合	非常符合
(2) 所处地区的政府具备跨区域协同创新能力和协同创新机制	1	2	3	4	5
(3) 所处地区的科技金融服务体系较为完善	1	2	3	4	5
(4) 所处地区有较好的产业配套和研发基础环境	1	2	3	4	5

市场机制	非常不符合	不符合	一般	符合	非常符合
(1) 与同行相比,已建立了现代化的治理结构	1	2	3	4	5
(2) 已建立开放、竞争、流动的聘任制度和人才培养机制	1	2	3	4	5
(3) 建立了以人才激励为导向的科技成果转化收益分配机制	1	2	3	4	5
(4) 已引入股权激励、基金激励、分红激励等激励机制	1	2	3	4	5
(5) 建立了以创新绩效为导向的全面考核评价机制	1	2	3	4	5
(6) 成立了产业经济与趋势研究中心,适时分析产业发展趋势和研发需求	1	2	3	4	5
(7) 建立了资源共享机制,与服务对象共享人、财、物等各类资源	1	2	3	4	5
(8) 建立了知识产权保护机制,明确产权归属	1	2	3	4	5
(9) 建立了较为完备的信息交流渠道和在线技术交易平台	1	2	3	4	5
(10) 建立了基于绩效的项目动态管理机制	1	2	3	4	5
(11) 建立了竞争性和差异化的研发资金分配制度	1	2	3	4	5
(12) 统筹使用人员编制,不单独设编制	1	2	3	4	5

续表

创新环境	非常不符合	不符合	一般	符合	非常符合
(13) 建立了人才流动机制,运用多种方式实现人才和技术集成向产业转移	1	2	3	4	5

资源获取	非常不符合	不符合	一般	符合	非常符合
(1) 能够及时获取有关科技成果的市场供求信息	1	2	3	4	5
(2) 能够及时获取前沿技术发展信息	1	2	3	4	5
(3) 能够及时获取充足的宏观政策信息	1	2	3	4	5
(4) 能够获取充足的相关专业技术知识	1	2	3	4	5
(5) 能够获取创新管理知识	1	2	3	4	5
(6) 能够获取充足的法律法规知识	1	2	3	4	5
(7) 能够获取充足的政府科技经费	1	2	3	4	5
(8) 能够获得技术创新补贴或税收优惠	1	2	3	4	5
(9) 能够通过与其他企业的合作研发降低企业的财务负担	1	2	3	4	5
(10) 能够及时获取银行等金融机构贷款	1	2	3	4	5
(11) 能够获取风险投资	1	2	3	4	5
(12) 拥有较高素质的创新人员	1	2	3	4	5
(13) 具有灵活开放的组织结构	1	2	3	4	5
(14) 建立了健全的现代科研机构制度	1	2	3	4	5
(15) 具有完备的科研平台等基础设施	1	2	3	4	5

网络关系强度	非常不符合	不符合	一般	符合	非常符合
(1) 与其他创新主体之间的非正式交流比较频繁	1	2	3	4	5
(2) 与其他创新主体之间的正式交流能够持续较长一段时间	1	2	3	4	5
(3) 与其他创新主体之间的非正式交流能够持续较长一段时间	1	2	3	4	5

续表

创新环境	非常不符合	不符合	一般	符合	非常符合
(4) 与其他创新主体之间的交流会涉及生产、技术和市场等多方面	1	2	3	4	5
(5) 能够与其他创新主体之间从管理高层到一般员工进行全面的信息共享	1	2	3	4	5
(6) 与其他创新主体进行多项目的全面合作	1	2	3	4	5
(7) 对于其他创新主体为贵单位做的事情深怀感激	1	2	3	4	5
(8) 与其他创新主体的合作是一个双赢关系	1	2	3	4	5
创新绩效	非常不符合	不符合	一般	符合	非常符合
(1) 与同行相比,专利申请受理数较为领先	1	2	3	4	5
(2) 与同行相比,国内外主要检索工具收录科技论文数较多	1	2	3	4	5
(3) 与同行相比,科研成果奖励较多	1	2	3	4	5
(4) 与同行相比,承担了较多的重大科研项目	1	2	3	4	5
(5) 与同行相比,培养了较多的创新创业人才	1	2	3	4	5
(6) 与同行相比,为企业提供服务的数量较多	1	2	3	4	5
(7) 与同行相比,技术市场成交合同数较多	1	2	3	4	5
(8) 与同行相比,专利所有权转让与许可量较多	1	2	3	4	5
(9) 与同行相比,以知识产权作价的投资较多	1	2	3	4	5
(10) 与同行相比,衍生、孵化企业的数量较多	1	2	3	4	5

第二部分 基本信息情况

请在符合您所在单位实际情况的选项"□"中做标记,或在横线上填入相应内容。

1. 您所在新型科研机构的成立年限：_____
   □$_1$1—3 年   □$_2$3—5 年   □$_3$5—10 年   □$_4$10 年以上
2. 您所在新型科研机构的员工人数：_____
   □$_1$50 以下 □$_2$50—100 □$_3$100—150 □$_4$150—200 □$_5$200 以上
3. 您所在新型科研机构的性质：_____
   □$_1$事业单位 □$_2$民办非企业 □$_3$企业 □$_4$其他
4. 您所在的新型科研机构涉及的行业：_____
   □$_1$新材料 □$_2$生物技术与新医药 □$_3$节能环保 □$_4$信息技术和软件
   □$_5$高端装备制造 □$_6$其他
5. 您所在新型科研机构的投资主体包括(单选或者多选)：_____
   □$_1$政府 □$_2$高等院校 □$_3$传统科研院所
   □$_4$企业 □$_5$其他
6. 您认为当前新型科研机构发展面临的主要困难是：_____
   □$_1$政策支持力度不够 □$_2$缺乏资金 □$_3$缺乏人才
   □$_4$前沿技术掌握度低 □$_5$市场化程度低 □$_6$成果转化难
7. 您在贵单位的职务是：_____
   □$_1$所长 □$_2$项目负责人 □$_3$研究员
   □$_4$技术员 □$_5$其他

附录二

江苏省新型科研机构的发展模式与典型案例

案例一：江苏省产业技术研究院膜科学技术研究所

江苏省产业技术研究院膜科学技术研究所（以下简称"膜科技研究所"）是由江苏省产业技术研究院、南京江北新区、南京工业大学国家特种分离膜工程技术研究中心、南京膜材料产业技术研究院有限公司以及相关科研团队联合创立的，其组织架构如图1所示。理事会作为主导制定研究所发展战略和研发方向的领导机构，其成员主要涵盖政府部门、企业以及地方高校等相关专家学者，所长由膜领域的顶尖专家担任，职责在于研究所的日常管理和研发事务。此外，该研究所采用了一系列管理措施来确保其有效运作，包括设立了技术委员会，通过理事会和技术委员会"双委员会"的形式进行决策和监督，以保证运营的规范性和高效性。在其管理架构中，主要涵盖了管理、研发和支持三个方面，为不同领域的工作设立了相应的机构和部门。这些机构包括研究室、综管办、测试中心、技术转移部、战略研究中心等，各司其职，共同为研究所的发展和创新提供支持和保障。为了推动科技成果的应用，研究所设立了膜科技产业园和膜产业投资基金，构建了一种"专业研究所 + 孵化器"的综合转化模式。在管理方面，采用了院所分离、投管分离的策略，借鉴了企业化运营和多元化结构的经验，有效促进了高校院所和企业资源的有机融合,加强了科技人才与金融资本之间的联系,增进了科技成果向市场转化的速度和效率,同时为企业提供了更广泛、更多样化的服务支持。

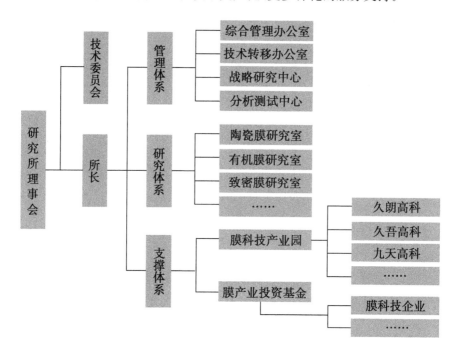

图1 膜科学技术研究所组织架构

管理模式 借助南京工业大学在科技领域的优势,膜科学技术研究所积极探索创新的管理方式,建立了一种"一所两制、统一管理"的机制(如图2),其中"两制"则为高校运行机制(即:国家工程技术研究中心)和市场化运行机制(即:南京膜材料产业技术研究院)。这一模式为科技成果的转化提供了有效的平台和桥梁,已成功培育了30多家企业,将其打造成为在膜科学领域具有显著影响力的创新创业基地。近年来,研究所充分利用学校资源,建立了PI学术团队,专注于开展基础原创研究。该团队在膜科学领域取得了一系列的重要成果,在学术界产生了广泛的影响。研究所还充分利用市场化机制和建立创业团队,对这些原创成果进行二次开发。研究所的论文、专利、奖励等学术成果主要归属于学校,同时,研究所利用二次开发后的技术制作出产品样品并进行市场检验。根据需求,他们可以选择通过投资成立衍生企业的方式,或者通过签订合同进行科研合作,将技术转移给社会企业。

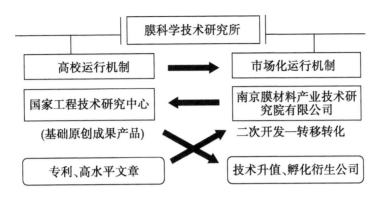

图 2 膜科学技术研究所"一所两制"创新管理模式

成果转化模式 南京工业大学(以下简称"南工大")和研究院所共同筹建的新型研发机构代表了一种典型模式,是一种由人才、学科和企业共同合作建立"实验室—研究中心—研究院—产业园"的创新模式。这种模式为培育新学科、研发新成果、孵化新企业、推动新产业开辟了全新路径。这种机制实现了从科学到技术再到产品的无缝衔接,提高了产业的国际竞争力。

(1) 南工大首先建立了膜技术的研发机构,提出了"材料化学工程"的概念,创建材料化学工程这一交叉学科,以此为基础建立该学科的国家重点实验室。其次,基于水处理膜与特种分离膜的研究方向,建立该方向的国家工程技术研究中心,同时取得了许多创新应用型成果。最后,进一步成立为学科建设服务的公司,以提高科研成果转化效率。

(2) 在政府的积极推动下,基于南工大该学科的国家重点实验室和工程技术研究中心以及该学术公司,成立了产业研究院,即南京膜材料产业技术研究院。研究院基于"产学研"模式进一步提高创新能力,将"产业化转化"纳入考核指标,全面评估和高效转化科技成果。在研究院的产业化检验下,科技成果得到规模化生产,并逐渐孵化成企业。在"基础研究—技术开发—工程实施"的模式下,不断产出高质量成果。已建立的企业有江苏久吾高科技股份有限公司、江苏力波兴水务科技有限公司、南京久盈膜科技有限公司等。

(3) 研究所通过打破管理局限、释放科技活力等措施来进一步提高科技成果转化效率。江苏膜科技产业园成立,融合了研究所与专业孵化器的科技成果。另外,设立"产业基金"为其发展提供支持。基于创新链、平台链和资源集聚链的连接,打造创新生态系统,建立创业平台。截至目前,园区内已有近 30 家企业,成为该领域国内甚至国际一流的产业聚集地。

创新成效 研究所在推动科技成果产业化方面已取得重大成功。首先,汇聚了一批高端人才和团队。建立由中国工程院院士、国家杰出青年等领衔的学术团队,同时形成"技术二次开发"创业团队,使得学术团队与创业团队紧密融合。其次,取得了许多高质量科研成果。承担国家级科研项目100多项,荣获国家及省部级20多项奖项,刊出高水平论文500多篇,取得发明专利200多项,主办国际膜与膜过程大会。最后,建立了大规模的产业集群。孵化成立企业近30家,其中有上市公司2家,累计推广应用装备2000多套,相关技术已广泛应用于化工、医药、环保等领域,在企业的转型升级方面服务了近1000家企业,且经济效益高达100亿元。

案例二:苏州高新区高校新型研发机构案例

苏州高新区地处江苏省苏州市虎丘区,地理位置优越,紧邻长三角经济带的核心地带。作为全国首批设立的国家级高新区之一,以及苏南国家自主创新示范区的核心区域,苏州高新区承载着重要的科技创新使命。苏州高新区将创新引领的理念贯穿始终,吸引了大批新型研发机构和高科技企业入驻,主要聚焦于打造一个开放包容的创新区域,注重构建创新生态圈,推动各类创新主体之间的合作与交流。到2018年底,苏州高新区已吸引了逾百家来自省内外高校、研究院等共建的新型研发机构,其中包括研究院、分支机构、创新中心等。累计资金投入超过10亿元,设立了逾百个研发中心和实验室,聚集了超过1000名研发人员。这些新型研发机构已获得500多项发明专利授权,并孵化引进了1000多家企业。就组建方式而言,苏州高新区的新型研发机构可分为三种类型:高校主导、科研院所主导和企业主导。高校类新型研发机构共有8家,其中包括浙江大学苏州工业技术研究院和东南大学苏州医疗器械研究院。接下来,将以这两家机构为例,分析苏州高新区高校类新型研发机构的运作模式和发展成效。

(一)浙江大学苏州工业技术研究院

苏州高新区管委会与浙江大学携手合作,在苏州设立了浙江大学苏州工业技术研究院,该研究院作为浙江大学在苏州独立设立的旨在促进科技创新和产业发展的法人单位,主要研发方向围绕培育国家和地方战略新兴产业展开,着重关注智慧城市、高端装备、中药现代化、医疗仪器、公共安全、分布式能源、节能环保等领域的转型升级需求,积极开展技术开发工作。在8年的发展历程中,浙江大学苏州工业技术研究院已经建立了一个整合了学术机构、研究院和创新型企业的生态系统,以推动产业技术创新的蓬勃发展。作为一个综合性创新平台,该研究院整合了科技孵化、技术研发、产业培育、科技咨询和培训等多种功能,由此成为一个开放性公共创新服务机构,其服务范围覆盖苏州市,辐射江苏其他地区,并向长三角地区拓展。

浙江大学苏州工业技术研究院是一家致力于促进科技成果孵化和转化的重要机构,其成功的运营模式离不开浙江大学和苏州高新区管委会的合作与支持。在这个合作模式下,浙江大学作为一流大学的背书,为研究院提供了强大的科研团队和丰富的科研成果输出,而高新区政府则承担初期建设资金和场地供给职责,研究院通过绩效补助的方式,激励研发团队提供成果输出。该研究院设有科研管理部、公共创新服务平台和技术合作与转移部三个部门。研究管理团队负责科研项目的全面管理和规划,公共创新服务平台提供多元化支持,包括研究中心和合作研发中心,为初创企业提供孵化条件和指导,已建立14个研究中心和10个合作研发中心。技术合作与转移部门则专注于将先进技术转移给孵化企业,并为其员工提供必要的技能培训。该研究院的收入主要来自政府绩效补助、孵化企业反哺以及提供双创服务所得。

浙江大学苏州工业技术研究院作为科技型企业的孵化器,在苏州地区承担了重要的科技创新和人才培养使命。截至2019年11月,该研究院已经取得了令人瞩目的成绩,成功孵化了76家科技型企业。其中,有多家企业获得了国家、省、市、区各级双创领军人才的荣誉,这充分显示了这些企业在技术创新和人才培养方面的高水平。这些企业涵盖了多个领域,从生物科技到信息技术,从先进制造到新材料领域,为苏州地区的科技创新和经济发展作出了积极贡献。除了成功孵化企业之外,浙江大学苏州工业技术研究院还聚集了大量双创人才。这些人才不仅来自于浙江大学本身,还包括来自其他高校、研究机构以及企业界的精英。这一孵化器的成功背后,是其强大的创新创业公共服务能力。近年来,该研究院不断强化这方面的建设,获得了多个国家级和地方级的荣誉称号,如国家级孵化器、国家技术转移示范机构,以及江苏省产学研重大创新载体等。此外,研究院的经济效益也是显著的。累计销售额达24亿元,2018年在苏州高新区的纳税额突破6 000万元。这一系列的数据充分显示了该研究院在促进地方经济发展和社会财富增长方面的积极作用。

（二）东南大学苏州医疗器械研究院

东南大学苏州医疗器械研究院于 2017 年 8 月成立，由东南大学、苏州高新区和江苏省产业技术研究院共同组建。该研究院以高端医疗器械为核心，以临床需求为创新驱动，该研究院搭建了医院、大学、企业和研究院四方合作的平台，实现了风险共担、利益共享的创新成果转化模式。

东南大学苏州医疗器械研究院实行理事会领导下的院长负责制。东南大学提供研发人才和科研成果，苏州高新区政府提供研发场地和启动资金，产业技术研究院为研究院科技研发提供技术支持。研究院设有科研管理、研发中心和安全三个核心部门。其中，研发中心负责技术开发和前沿创新，目前建设了生物医用材料、仿生器官与器官芯片、影像及大数据、IVD 及检测技术等四个研发平台；工程转化中心协助规划产品开发路线，专业化、流程化地指导项目团队的产品开发活动；众创空间负责企业孵化和技术转让，将成熟的技术转移给孵化的创新企业。这些孵化企业与东南大学苏州医疗器械研究院共同承接苏州政府课题，以获取更多的专项资金支持。

东南大学苏州医疗器械研究院目前拥有 54 名全职员工，其中已引进各类领军计划人才合计 19 人，累计引进高端研发团队达 20 个，成立科技型公司 13 家。与国内外研发主体共建联合研究中心、临床转化基地、生物医学工程联合研究中心。研究院坚持以"市场需求"为驱动的创新研发思路，显著提高了技术的转化率。同时，肿瘤器官芯片、血管芯片、心脏芯片等项目开发得以应用。

（三）苏州高新区高校新型研发机构发展特点

2010 年后成立的这两家围绕不同的研发领域的高校新型研发机构，已初步建成三位一体的创新服务平台。

首先，它们的研发方向新颖、定位高端。基于各自高校的学科优势，这两家机构立足国际前沿，明确了研发领域方向，合作组建研发网络平台，推动了行业相关标准的建设，占领行业领域标准的制定权。以浙江大学苏州工业技术研究院为例，主攻大健康、信息技术与高端装备领域，推动产业化技术创新；而东南大学苏州医疗器械研究院则专注于我国未来医疗器械发展的顶层设计、技术研发、标准推动、知识产权保护和产业孵化，形成完整的产业链。

第二，运营管理模式较为创新。这两家高校新型研发机构均去行政化运营,实施理事会治理结构,突破传统行政管理束缚。他们不仅关注基础科学研究,还能够通过深入调研市场,分析用户需求,有针对性地开发出创新产品或解决方案。举例来说,浙江大学苏州工业技术研究院成立了专家委员会,负责对研究院的项目进行评选和业务指导;而东南大学苏州医疗器械研究院由东南大学和江苏省产业技术研究院共同管理,东南大学主要负责科技成果研发,而江苏省产业技术研究院则协助产品实现落地和转化。

第三,成果转化路径具有创新性。这两家高校新型研发机构在成果转化方面采用了多样化的途径,如企业孵化、合作研发和技术交易等,有效地推动了高校科研成果向产业化的迅速转变。以东南大学苏州医疗器械研究院为例,他们开发的生物医用镁合金材料在多种型材获得多家企业的应用与认可。基于这一成果,该研究院专门成立了一家产业化公司,推动了该材料技术的产品化进程。目前,该公司已与包括美国美敦力公司、乐普(北京)医疗器械股份有限公司、北京大学、北京大学口腔医院、南京鼓楼医院、江苏省口腔医院等30多家国内外医疗器械企业、研究所及医院建立了服务和供销体系,迅速开拓了市场。